简单喝茶

知茶之本，识茶之根

静清和 著

九州出版社
JIUZHOUPRESS

图书在版编目（CIP）数据

简单喝茶 / 静清和著. -- 北京 ： 九州出版社，
2025. 4. -- ISBN 978-7-5225-3715-3

Ⅰ. TS971.21-49

中国国家版本馆CIP数据核字第202528LY22号

简单喝茶

作　　者	静清和　著	
选题策划	于善伟	
责任编辑	于善伟	
封面设计	吕彦秋	
出版发行	九州出版社	
地　　址	北京市西城区阜外大街甲35号（100037）	
发行电话	（010）68992190/3/5/6	
网　　址	www.jiuzhoupress.com	
印　　刷	鑫艺佳利（天津）印刷有限公司	
开　　本	880毫米×1230毫米　32开	
印　　张	9.25	
字　　数	180千字	
版　　次	2025年4月第1版	
印　　次	2025年4月第1次印刷	
书　　号	ISBN 978-7-5225-3715-3	
定　　价	88.00元	

自

序

甲辰龙年的谷雨，编辑于善伟先生来济，我们一起在泉城著名的泺水居小聚。当善伟提议我再写一本更简明易懂的茶书的时候，我当时委婉地拒绝了。因为积年累月的伏案写作，尤其是在精装的《茶道六书》出版之后，老眼昏花得非常严重，实在没有信心再去写一本新书了。在座的孔教授与虾老板闻之，异口同声且不依不饶地说："张老师，您才写了六本，七上八下，'七'为完美之数，还差一本，这是天理。"或许是天理不可违，或许是盛情难却，一杯酒尚未下肚，新书的事便随口应下了，这就是《简单喝茶》一书的写作缘起。

《简单喝茶》答应下来简单，写起来却实属不易。一本书写得复杂晦涩容易，要想写得简单易懂、深入浅出，其实是挺难的。简单，意味着需要高度提炼。能够运用打比方、举例子去旁征博引的知识，才是自己真正理解了的东西。而把这些个人领会到的枯燥的专业知识，用简单的语言，系统、条理地表达出来，看似不甚用力，实则力透十分。明代李梦阳说："临事贵简。"此处的"简"，不是草率、粗陋，而是居敬行简，是剥离了繁琐、虚浮、形式、花招的大道至简，是禅宗的拨开迷雾、直指本心。在本书的知识体系构建中，不仅要准确描述茶之表象，还要透过茶史、茶理和人性，去梳理出各茶类的起源及其产生的底层逻辑。只有这样，才能理清茶之本质，把复杂的问题简单化，让习茶、喝茶变得更简约、更美妙、更自在。那些刻意把喝茶复杂化、神秘化、仪式化、故事化，甚至宗教化的，从本质上看，不过是图碎银几两而已。

茶树作为一种植物，被古人从万千食物中甄选出来，是因为它具有特殊的提神功效。唐代初期之前的茶，大概率还是萎凋、晒干的原始白茶类。采摘粗老，制作简单，煮饮粗放，个别茶汤中还会根据个体的需求，添加姜、茱萸、橘皮、薄荷、盐巴等调味品。此后，随着蒸青绿茶和陆羽《茶经》的相继问世，人们才重视春茶的采摘。茶青的采摘标准，大约为一芽一叶至一芽三叶不等。陆羽在改造煮茶的基础上形成的煎茶法，成为唐代中后期主流的饮茶方式。茶器也从食饮器中分离出来，并渐趋精致。瓷器如玉，成为茶器审美的最高标准。

为了得到更皎洁、细腻、完美的像胶体一样的汤花，就需要把煎茶程式中的先煎水、后投茶，改为在茶盏中先置茶末，后用汤瓶注水，还要增加高频次的剧烈搅拌等，于是，点茶法在五代十国前后萌芽了。进入宋代，在蔡襄、宋徽宗等上层精英的力捧下，在赌风甚盛、嗜赌好赌的中下层民众的配合下，点茶技法在北宋达到了巅峰。宋代点茶在茗战时的"斗茶色、斗水痕"，既然存在着输赢胜负，就必然会形成一种强力驱动，促使茶叶越采越嫩；茶粉越磨越细；点茶器具及其操作流程也会越来越复杂。

事物越复杂，越不利于推广和传播。到了元代，因茶芽或末茶的煎煮变得更加简约，使得流行于唐宋文人之间的饮茶雅尚，逐渐演变成为一种大众化的社会习尚。最早能够追溯到三国时期的散茶、末茶、芽茶的"以汤浇覆之"、"以汤沃焉"、以汤冲点之的撮泡法，因其简单、方便、易行，便渐渐地从民间浮出水面，很快成为社会各阶层颇受欢迎的主流饮茶方式，为明初朱元璋的废团改散提供了有利契机。

明末以降，生晒白茶在江南地区的文人中受到热捧，黑茶、红茶、青茶和黄茶，也因偶然或非偶然的机缘推动而陆续问世。

明末清初，位于南京桃叶渡的花乳斋主人闵汶水，为了提高"出诸茶之上"的松萝茶的香气，便选用珠兰花、白兰花去加以窨制，这便是独具特色、名扬天下的"闵茶"。熊明遇在《罗岕茶疏》所讲的"松萝香重"，大概指的就是闽茶。

茶道大家闵汶水，为了突出闽茶的香重特色，在泡茶时，自起当炉，精选紧炭得到"活火"。为保证水质的鲜洌纯净，他深夜去惠泉淘井、汲取新涌出的偏弱酸性的泉水。活水还须活火烹。他尽最大可能地利用沸腾的"活水"泡茶，以充分激发、表达出茶中的高香。选择鲜洌纯净的山泉水，既能保持茶汤原有的弱酸性不变，也不会因水中的金属离子与硬度的量值偏高，而减弱茶汤的香气与汤色的清透度。由于松萝茶的嫩度较高，假若沿袭明末文人崇尚的巨壶大器，把控不住恰当的茶水比例与出汤时间，茶汤便会苦涩难咽、香气驳杂，也会拉低好茶应有的高级感。因此，闵汶水敢于打破世俗的桎梏，率先使用小容量的茶壶泡茶。当泡茶器的容量减小了，茶杯自然也会相应变小。于是，闵汶水常以"小酒盏酌客"，使得彼时的文人墨客、士子名流，无不对花乳斋趋之若鹜。汶水君几以汤社主风雅。闵汶水使用的小茶壶与小酒盏，不就是工夫茶中孟臣壶、若琛杯的前身吗？

当工艺落后的武夷蒸青散茶，接受了徽州松萝茶的技术改造，由武夷松萝演变成为色泽青翠且汤白的武夷岩茶之后，一个以花香见长、色泽近松萝绿茶的新茶类，其冲泡方式必然会受到原松萝茶，尤其是高香的闵茶的冲泡方式的影响。大约在康熙末年，新诞生的武夷岩茶与此时绿茶的主要区别，不就是它比绿茶的花香更高更浓吗？武夷岩茶的花香，得益于制作时的摇青工艺；而闵茶的花香，则来自于鲜花芬芳的熏染。

翻开近代乌龙茶的发展史，我们就会发现，为了节省把台湾绿茶运到福州去窨花加香的巨大开支，大约在光绪十一年（1885），在台湾地区，才有意识创新出了花香清新的轻发酵的包种茶。而清香型铁观音，本是引进的台湾轻发酵的乌龙茶制法，瞄准的市场，主要是北方习惯喝茉莉花茶和绿茶的人群。清香铁观音虽然属于轻发酵的乌龙茶，但是，从本质上看，它仍是一个外观绿、汤色绿、叶底绿的花香四溢的绿茶类，即花香乌龙茶的绿茶化的产物。反观武夷岩茶的发展历程，今天的清香铁观音，与彼时的闵茶及新诞生的武夷（松萝）岩茶，又是何其的相似！三者皆属花香浓郁的茶类。共性近似的茶类，其泡法必然会相互借鉴，甚至是一脉相承。

清雅悦人的香气，是茶的灵魂。从明末的闵茶泡法，到清初的武夷松萝茶、武夷岩茶的泡法，再到随着武夷岩茶向闽南、潮汕地区的次第传播，工夫茶便由早期武夷岩茶的称谓，约定俗成为一种以突出茶叶香气为主的精致泡法。洞悉了工夫茶发展的基本逻辑，我们大概就能明白，从风炉、坚炭、水质、泡茶器、小茶杯（小酒杯）等茶器的精心选择，到泡茶前的温壶、烫杯等准备工作，无不是为了提高茶汤的温度，最大程度地为彰显、挥发、表达茶之香气服务的。由此可见，选择"活火"，把相对纯净的水在尽可能短的时间内煮沸，变成"活水"，是把茶泡好的决定性因素之一。抓住了这个关键中的关键，不仅能够准确表达出茶之香气，而且因茶之内含物质溶解度的提高，茶汤也会表现得更加细腻稠滑。茶汤内含物质的增加，相应地又提高了茶汤中香气的馥郁程度。行文至此，您还会觉得泡茶很难吗？至于其他的那些所谓的泡茶技巧，不过是卖油翁的"我亦无他，惟手熟尔"。

车轱辘话讲了一堆，在把茶泡好的前提下，最终还要再回溯到茶之本原上。在此，首先要建立一个认知，茶，是喝明白的。学茶，一定要取法乎上，一定要从一款来源清楚的高等级茶喝起，多喝好茶，自然就能鉴别其他茶品的是非高下了，这即是古人常讲的"操千曲而后晓声，观千剑而后识器"。其次，需要系统了解决定茶的色香味韵及其滋味调和的基本成分，就像大夫诊病一样，既能"欲知其内者，当以观乎外"，又可"诊于外者，斯以知其内"。当我们建立起了属于自己的正确的饮茶观与审美标准，自然就会明白："喝茶，原来喝的是生态。"只有在良好的生态环境中，才能孕育出一盏五味调和的好茶。

当我们理解了一杯好茶的由来及泡好一盏茶的基本逻辑之后，就会"不畏浮云遮望眼"，也不会迷失在各种流派的纷争与各种概念的纠葛之中。无论在哪个行业，如不能站在高山之巅或对面的山峰上，是很难看清"庐山真面目"的。因此，在学习之路上，一定少些仰观，多些俯察，才能破除迷信，让喝茶变得更理性、更简单。

杜小山尝问句法于赵紫芝，答曰："但能饱吃梅花数斗，胸次玲珑，自能作诗。"饱吃梅花吟更好。学茶，是一个典型的知行合一的过程，只有抓住茶之本质，以简驭繁，不断强化自己的味觉与嗅觉记忆，提高自身的审美判断力，方可"是非经过不知难"。

静清和

2025年1月27日于静清和茶斋

知晓茶味，由内而外

只有把复杂的事物简单化，方能看清茶的本来面目，让学茶、品茶变得更加简单直白。

　　中国有句古话，叫"有诸内者，必形诸外"。我们口腔所能感受到的茶的滋味，主要包括鲜、甜、苦、涩、酸、咸、辛等；能嗅到或齿颊能感知到的茶之香气，无非是清香、花香、果香、蜜香、甜香、奶香、木质香、工艺香及老茶的陈香等。而这些滋味与香气，在茶内一定有其对应的物质存在。皮之不存，毛将焉附？因此，只要能够找出影响茶之滋味、汤感和香气的大概的物质对应关系，那么，诸多人眼中貌似玄妙、复杂的茶叶，就会变得像清水那样透明，一览无余。两千多年来，茶叶作为一个引人瞩目的农业产品，在不同的历史发展阶段，曾经被不同程度地神圣化、药物化、符号化、奢侈化，为此还蒙上了一层神秘的面纱，让世人觉得高深莫测，欲说还休，说也说不清楚。只有把复杂的事物简单化，摒弃一切传说和神话，方能看清茶的本来面目，让学茶、品茶变得更加简单直白。只有愚痴的人，才会把简单的事情搞得纷繁复杂，扑朔迷离。

人们喜欢茶，通常来自茶的美妙滋味和清幽香气的吸引。仅仅了解茶的滋味、香气与茶叶内含物质的大概对应关系还远远不够，还要懂得什么是和谐悦人的滋味？什么样的香气与审美趣味更加高级？

和谐悦人的美妙滋味，即是中国传统所讲的五味调和之美。五味调和，是指茶中滋味的鲜、甜、苦、涩、酸、辛、咸的自然调和。天然滋味越调和的茶，其生态越好，品质越高级。在鲜和甜能够充分覆盖、修饰酸、苦、涩、咸、辛的基础上，每种滋味都具足却又不特别突兀，各种滋味以浑然天成的恰当比例，和谐并存，构成一种独特的味觉审美与高级感受，精妙微纤，口弗能言；使茶汤在汤感细滑、稠厚、清甜的基础上，整体滋味不过于苦、不过于涩、不过于辛、不过于咸、不过于酸，还不令人饮之生腻。著名的米其林餐厅也强调："美味的关键，在于讲究各种风味的均衡，太甜、太辣、太咸、太油腻，都是为米其林所嫌弃的。"五味调和，同时也是中国饮食美学的最高标准。《说文解字》说："美，甘也。"陆羽《茶经》也讲："啜苦咽甘，茶也。"即在滋味上，品啜起来苦，回味甘甜的植物叶子，才属于真正的茶类。

此外，我们还要注意，茶汤滋味的综合呈现，不单纯是呈味物质混合后的简单叠加，呈味物质之间相互的协同、增强、抑制等，对茶汤滋味的调和，也起着决定性的作用。

　　什么是高等级的香气？高等级的香气，首先要持久、清新、淡雅、细幽、纯粹、自然，清透而不浊腻，如周敦颐《爱莲说》所讲的"香远益清"。并且此种香气，无论是鼻腔嗅到，还是口腔感知到，皆能怡悦身心，或香偏温暖令人感到慰藉，或香偏清冷使人感到舒爽。习惯上，我们常笼统地把茶叶的高等级香气比喻为兰花香，这是因为大多数兰花的香气，格调高雅，甜幽淡雅，清远悠长。但是，兰花的品种又是成千上万的，有的清芬悠远，有的浓烈馥郁，因此，并不是所有的兰花香都是最高级的。有比较才有分别，其中，清雅的胜过浓郁的，甜幽的胜过甜腻的，清纯的胜过钝浊的，细幽的胜过粗犷的，等等。又如在自然界中，我们通常认为花果香高于花香，花香胜于草香，而从香气的细腻度来讲，兼有奶香的又高于诸香。于是，我们就会把茶中自然蕴含的花果香兼有淡淡奶香的，列为焙火茶类的最高等级的香型；把花香兼有奶香的，作为普适意义上的高等级香气类型；把香气不够纯净的，或兼有青杂气、焦灼气、酸腐、粗闷等味道的，列为次等的香气。不一而足。

　　每一种茶类所表现出的香气，都是多种芳香物质的复合，是混合物。迄今为止，从茶叶中已鉴定出的香气物质，约有700种。这些挥发性的香气物质，按照我们泡茶水温对其造成的影响，可大致分为高沸点的香气物质和低沸点的香气物质。茶中所含香气物质的种类与多少，主要受到生态、品种、茶园管理和制茶方式等不同条件的影响。

现代研究认为：当香气浓度为中、低浓度时，各香气成分之间的相互协同或加成作用较好；当香气浓度较高时，各香气成分之间会存在着相互的掩盖或抑制作用。这即是我常讲的"茶浓香浊、茶淡趣长"的道理所在。我们在长期的泡茶实践中，也会发现，茶若泡浓了，香气会偏浊，无形中强化了茶叶加工所带来的火香、火味等。在中国人的传统审美中，气韵清泠的格调更高，因此，清泠的香气与清凉的气息，都会成为判断一款好茶的重要标准。

茶中滋味的涩，主要是由茶中的多酚类物质造成的。涩味的产生，是因茶多酚凝固了口腔中负责润滑、保护口腔上皮细胞的唾液蛋白使然。涩味，本质上讲是一种皱缩感，属于触觉，而非味蕾感知到的味觉。茶多酚也并不是一种单一的物质，它是由现已发现的30多种酚类物质的总称。茶多酚过去又叫茶单宁，其含量约占茶叶干重的18%～36%。不同茶种的茶多酚含量悬殊，例如：安吉白茶的茶多酚含量，在10%～14%；而云南大叶种茶的茶多酚含量，则高达30%以上。

茶叶中的多酚类物质，主要分布在茶树的叶片和绿色表皮中。它会随着新梢嫩度的老化而减少。在不同的季节，其含量也有所不同。一般规律为：春茶较低，秋茶次之，夏茶最高。

茶多酚在酸性条件下（pH值2～7）是稳定的，在碱性环境

下容易氧化变色。茶汤的颜色，主要是由可溶于水的多酚类物质（如黄酮类、花青素等）及其氧化物（如茶黄素、茶红素、茶褐素）决定的。茶叶中如此巨大的茶多酚含量，因其溶于水可以电离出氢离子，这就决定了我们品到的所有茶汤，都是呈弱酸性的。这也是不能用偏碱性的水来泡茶的最重要的依据之一。许多新的研究表明：在中性条件下，大部分的酚类物质，很快会与钙离子络合并生成沉淀；在pH>7的碱性条件下，所有的酚类物质都会与钙离子生成沉淀。因此，偏碱性且硬度高的水质，是不适合冲泡高等级的好茶的。

茶中的多酚类物质，主要包括儿茶素类、黄酮类、花色素类及酚酸类等。这些术语虽然枯燥拗口，但是，对于爱茶的我们，有必要记住一些，必定会受益终身。其中的儿茶素类，占到茶多酚总量的70%左右，是形成茶叶色、香、味的主要成分，也是茶叶具有保健功效的重要成分之一。

在茶叶的制作过程中，儿茶素通过一系列复杂的化学变化，可在茶汤中生成含量不一的橙黄色的茶黄素、红艳的茶红素、暗褐色的茶褐素等。根据我国各地茶叶制法的不同及儿茶素氧化程度的差异，在1979年，原安徽农学院的陈椽教授发表了《茶叶分类的理论与实际》一文。此后，便出现了绿茶、黄茶、黑茶、白茶、青茶、红茶等六大茶类的基本分类。（严格地讲，乌龙是茶树的品种名称，隶属于青茶类的一种。但在习惯上，我们常常把青茶说成是乌龙茶。本书为了表达的方便，文中的青茶类，暂用乌龙茶类代替。）由此可以看出，六大茶类的分类，是依据各地的茶叶制法、茶叶的适制性及儿茶素的氧化程度的不同来分类的，而不是根据茶树的品种来分类的。例如：湖南深山里同一株茶树的鲜叶，可以根据市场的不同需求，分别制成湖南绿茶、湖南黄茶、湖南白茶、湖南乌龙茶、湖南红茶、安化黑茶等。

儿茶素，又可分为复杂儿茶素和简单儿茶素两类。其中复杂儿茶素占儿茶素总量的60%～75%。具有苦涩滋味和收敛性较强的复杂儿茶素，在制茶的过程中，能够部分水解为苦涩滋味和收敛性都较弱的简单儿茶素，便相应提高了茶叶的甘甜度与适口性。我们经常喝到的青气重、滋味偏苦涩的茶叶，大概率是因为茶青在制作过程中的摊凉稍欠、日光萎凋不足或杀青时间过短等因素，影响了复杂儿茶素向简单儿茶素的转化造成的。夏秋季节的茶叶滋味偏苦涩，也是因为夏秋季的高温和强光照造成的茶树复杂儿茶素的含量升高导致的。

涩味在口腔中主要表现为：干燥、粗糙、黏膜和肌肉的收缩或起皱的感觉等，但是，涩味却是茶汤中不可或缺的最主体的风味。茶汤中若是缺失了涩味，便如同人体没有骨头一样。因此，茶汤的涩味，往往会与茶汤的浓、强等力度感相关。当涩感或收敛感褪去后，口腔局部肌肉开始恢复时，可能会促进生津感觉的出现。

简单儿茶素普遍存在于植物体中，而复杂儿茶素除在葡萄的种子里少量发现外，目前的认知认为，复杂儿茶素仍属于茶树特有的物质。复杂儿茶素的合成，主要是为了增加茶的苦涩味和不适口性，保护茶树自身，不至沦为其他动物的美食。

生物碱、花色素、儿茶素、部分氨基酸和皂素等，都属茶叶中的苦味物质。茶叶中的生物碱，主要包括咖啡碱、可可碱、茶碱等。由于茶中可可碱和茶碱的含量过低，通常会忽略不计，因此，茶汤滋味的苦，主要是由茶中的咖啡碱含量决定的。咖啡碱含量在茶叶干物质的组分中，所占的比例看似并不太高，只有2%~5%，但它却是茶叶中最为重要的特征性物质，也是根据叶片判断一株植物是否属于茶树的根本标志。在植物界中，只要植物叶片中的咖啡碱干物质含量大于0.1%，此类植物大概率就是茶树。我们市场上常见的菊花茶、枸杞茶、苦丁茶等，之所以有茶之名而非茶类，就是因为这些代茶饮中并不含有咖啡碱。东汉《桐君采药录》里记载的"巴东别有真茗茶，煎饮令人不眠"，讲的就是这个道理。因为咖啡碱能够兴奋人的中枢神经系统，才会让对咖啡碱敏感的人群难以入睡。

我们熟悉的咖啡，之所以喝起来感觉滋味苦，也是因为咖啡中含有咖啡碱。咖啡所含的咖啡碱，是存在于其果实内的。咖啡果实中的咖啡碱含量，其实只占1%~2%，远低于同等茶量所含的咖啡碱。这个结论，可能会出乎我们的意料。但是，我们为什

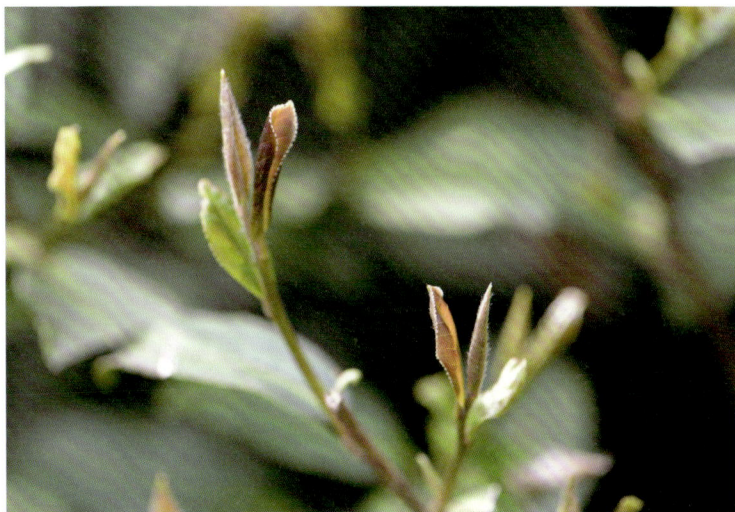
花青素含量高的茶树新梢

么会在口味上感觉喝咖啡更苦呢？其根本原因在于，茶中所含的茶氨酸、糖类与酚类物质的调和效应，遮蔽、缓解了茶汤滋味的苦。当然，部分咖啡的苦味偏重，与其烘焙过重也不无关系。

茶叶内的咖啡碱，为什么不能叫茶碱呢？这是因为，1820年在咖啡豆中首次发现了咖啡碱并被命名。大约是1827年，人们才在茶叶中发现了咖啡碱。茶叶所含的生物碱有十几种，含量最高且最重要的就是咖啡碱（2%～5%）了。由于茶叶中的可可碱（0.05%）与茶碱（0.002%）的含量较低，可忽略不计。因此，本书在表述茶中的生物碱时，习惯上会用咖啡碱来取代。

　　茶叶滋味的鲜，主要是由茶中游离的氨基酸含量决定的。其中，茶氨酸约占茶叶氨基酸总量的50％以上，是茶叶特有的游离氨基酸，其含量约占茶叶干重的1％～2％。当然，茶汤的鲜味，也与其他氨基酸、儿茶素及其氧化色素与咖啡碱结合产生的络合物相关。

　　茶氨酸，主要存在于茶树的嫩茎与嫩叶中，其含量随着茶叶的加工、氧化及发酵程度的增加而减少。茶氨酸独有的鲜甜味与高鲜的香味特色，能够明显消减咖啡碱与儿茶素带来的苦涩滋味，对茶叶香气品质的提高，起着至关重要的作用。换句话说，茶叶鲜甜与香气（奶香）的高级感，主要体现在游离氨基酸含量的高低上，与茶叶品质尤其是绿茶的品质正相关。好茶饮后表现出的愉悦感、松弛感、抗焦虑等，也与茶氨酸的含量高低密切相关。

　　茶叶滋味的甜，首先是由茶叶中的可溶性糖类决定的，部分氨基酸也会贡献一部分甜味，如甘氨酸、丝氨酸等；其次，也会受微苦物质的反衬后，形成的强化感受有关。

　　糖类在茶叶中的含量，一般在20％～25％，但是，可溶性的糖类约占茶叶干重的0.8％～4％。茶叶中的可溶性单糖，主要包括果糖和葡萄糖。可溶性双糖，主要包括蔗糖以及加工过程中形成的少量的麦芽糖。在茶树的嫩梢中，合成的主要是单糖和蔗糖。除了水溶性果胶外，茶叶中的糖类含量，会随着芽叶的成熟、老化而显著增加，这也是茶叶采得过嫩而偏苦涩的重要原因之一。

由于果糖的甜度是葡萄糖的两倍，因此，茶汤中的甜度，更多是受到果糖和蔗糖含量的综合影响的。而上等好茶表现出的特有的清甜感、清凉感，主要是由果糖和葡萄糖溶于水的吸热反应带来的。当然，也可能与某些高级香气中含有的挥发性清凉成分有关。

一个健康成年人每天的饮茶量，不宜超过12~15克，这就决定了一个人每天通过饮茶摄入的糖类，不会超过0.6g。参照《中国居民膳食指南（2022）》（科普版）的"控制添加糖的摄入量，每天不超过50克，最好控制在25克以下"的数据可知，茶是世界上最健康的饮料之一。

可溶性糖，除使茶汤变甜、增加茶汤的稠厚感之外，还会影响到茶叶香气的形成，如通过美拉德反应或焦糖反应，形成我们常见的板栗香、甜香、焦糖香等。

茶叶中的多糖类物质，一般不溶于水，主要包括纤维素、淀粉、半纤维素和果胶等，占茶叶干重的20%以上。纤维素含量的高低，成为判断茶叶老嫩的标志。鲜叶嫩度好，揉捻出的茶叶条索匀整紧结。黑茶类要想发出更多的"金花"，就需要选用较粗老的多糖类含量高的茶青。在茶叶的加工过程中，多糖类会在酶的作用下，水解为单糖、双糖和水溶性果胶等，增加茶汤的甜度和黏稠度。

水溶性果胶，可增加茶汤的顺滑度和稠厚度。水溶性果胶的含量，在茶树鲜叶中的含量并不高，约占干物质的1.5％左右，它是随着茶叶成熟度的提高而下降的。但是，在茶叶的加工过程中，茶青中不溶于水的原果胶，能够部分水解成为可溶性果胶。可溶性果胶的增加，不仅能够有效改善茶汤的黏稠度，而且也会明显提高茶叶条索的紧结度和油润度。

茶叶滋味的酸，主要是由茶中部分有机酸及茶叶发酵过程中产生的个别有机酸带来的。茶叶中的有机酸总量，随着鲜叶嫩度的下降而减少，是构成茶叶香气和滋味的主要成分之一。茶叶发酵越重，有机酸含量越高。茶叶中的有机酸种类较多，其含量占干物质总量的3％左右。鲜叶中典型的有机酸，如维生素C；发酵产生的有机酸，如武夷岩茶中常见的武夷酸等。茶中的酸，表现为一种新鲜、爽口的果酸，口腔味蕾不敏感的人，对此可能感知不到。这种愉悦浸润的风味，并非是变质的酸馊、酸腐等不良气息。茶中有机酸的存在，奠定了茶叶能够口舌生津的基础，也增加了茶汤滋味的丰富度、细腻度及饱满度，甚至能使茶汤滋味的鲜、甜度，得到进一步的平衡与彰显。红茶、黑茶等发酵程度较高的茶类或焙火较重的乌龙茶类，假如投茶量过大或出汤较慢，可能会因茶汤浓度过高而使茶汤呈现出酸味。其主要的原因，在于此类茶在发酵过程中产生了更多的有机酸，打破了茶中糖酸比例的协调性所致。此时，降低水温或加快泡茶的出汤速度，都是减少茶汤酸味出现的行之有效的手段。存放日久的茶叶泛酸，多为储存过程中密封程度不够造成的受潮所致。

　　茶叶滋味的辛，不同于辣，它是一种气味发散的刺激感，常常会与我们不好描述的茶叶的山野之气联系在一起。它不单是由滋味苦偏辛辣的茶皂素引起的。茶味的辛，不仅是一种味觉，也会表现为是一种嗅觉。滋味、气息偏辛的茶，大多是生态植被清绝、香气比较浓郁的茶类，如武夷岩茶中的肉桂、绿茶中的顾渚紫笋等。肉桂茶的辛，主要是因其香气物质比其他乌龙茶类更加丰富。它最突出的刺激气息，主要源自香气物质里的醛类。茶圣陆羽力推顾渚紫笋为贡茶时，所讲的"芬香甘辣"的"辣"，其

武夷山的肉桂茶树

实就是辛，这也是茶仙卢仝提到的"四碗发轻汗"的重要原因之一。每年春天，当顾渚山的野生紫笋茶到达济南，在打开密封茶袋的瞬间，扑面而来的那种醉人馨香，其中蕴含的就是比较准确的辛味。"纸上得来终觉浅"。品茶不是听茶和读茶，对于特色茶独具的特有气息，一定要去身体力行地感受一下。这种美好阅历与体验，必将成为人之一生的难得财富。短暂的人生，如白驹过隙，不就是用来体验美好的吗？

茶之香气的浓郁，如果仔细辨别，也是一种辛。我们喝茶时的津津汗出、微微发热的体感，也多与茶中的辛味物质相关。香气的辛，关乎的是香气的浓郁。《黄帝内经》说："辛甘发散，味厚发热。""辛味可以开腠理、致津液。"此处的腠理，可以简单理解为人体的汗毛孔。

茶中滋味的咸，主要是受一些金属离子的影响，但尚未达到人类对咸味辨识的阈值，加之茶汤中还有其他滋味的掩盖，故大多数人很难凭借自己的口腔明显辨别出茶汤中的咸味。客观上讲，较低浓度的咸味存在，能够相应提高茶汤的鲜甜度，使茶汤滋味变得更加协调有韵。

茶叶的香气，主要是由挥发性的混合物质构成的，目前经分离鉴定的香气物质约有700种。香气成分的好坏与含量高低，在很大程度上会铸就一款茶的品质。虽然香气物质只占茶叶干重的0.02%，但是，却对茶叶品质有着至关重要的影响。香气和滋味，是茶叶的命根子。香气纯正的茶，其滋味都不会太差。美好的香气，能够增强人体味觉的感知强度。反之亦然。

我们在品茶时感知到的茶的不同香气，其实是不同芳香物质以不同浓度组合的嗅觉表达而已。在这些常见的香气中，青气较重的，一般沸点较低；而清透的花香、果香，沸点较高。因此，在做茶的过程中，需要通过高温杀青、干燥、焙火等手段，把低级的青草气、刺激性的香气物质进行去芜存菁，保留住高等级的清香、花香、果香等物质。无论是茶中的清香、花香还是果香，都是与某一类花香或水果香气的近似，二者不可能完全等同，毕竟茶叶不是花卉、水果或草木本身。对这一点，初学者一定不要过于执着。要想准确表达和辨别茶叶呈现出的丰富香气，平时要多关注自然界的节气变化，关注花开花落、果甜瓜香等。"花气袭人知骤暖"，学茶的"工夫在诗外"。

任何一个茶类，都存在着数百种香气物质，并不是所有的香气成分都对某一类茶叶的香气品质起决定作用，一般只有少数几种左右着某类茶的香气特征。也不是某种香气物质含量高，茶的整体香气风格就会偏向这种香气物质主导的香型。有些香气物质，尽管含量较低，却可以影响着该茶叶的整体呈香特点。

茶树鲜叶的嫩度越高，其芳香物质的含量就会越多，香气越偏细腻香幽；而偏粗老的鲜叶，往往香气较低，粗青味较重。

茶树的嫩梢

　　茶树鲜叶中的香气物质种类较少，大约为80余种，而成品茶中经分离鉴定的香气物质，约有700种。成品茶中香气成分的增加，主要通过以下几个途径：来自于鲜叶加工过程中摊凉、萎凋、做青等的水解，其香气以花香、花果香为主；来自于氧化、发酵等过程中的脂质降解，其香气以甜香、花香为主；来自于杀青、干燥、焙火等过程中的美拉德反应和焦糖反应，其香气以焦糖香、甜香、花果香、果香为主。

　　茶中的香气物质基本不溶于水。为什么在高等级茶的茶汤中，我们能够通过口腔感知到茶叶的香气呢？首先是因为，内质稠厚且细腻的茶汤，其丰富的呈极性的内含物质，会与香气分子以氢键结合或络合形成较稳定的络合物，即化学吸附。现代研究认为，即使是仅具氢键特性的单一的水，以其较强的内聚力，也会以极性键结合方式，将茶叶中的香气吸附住。更何况是溶解了一定量有机物的茶汤呢？其次，茶多酚中的酚酸与缩合酚酸类，易溶于水，也为茶汤贡献了部分香气。简言之，茶汤中的香气物质不溶于水，但可以微溶于内含物质丰富的茶汤。茶叶的品质越高，其汤香就会越饱满和丰富。反之亦然。

　　对于高等级茶的香气，我们貌似感觉是香气"溶"在茶汤之中，其实除了化学吸附或微溶之外，大部分香气物质是被茶汤带入到口腔之中，香气刺激了鼻腔上皮的嗅觉细胞使然。

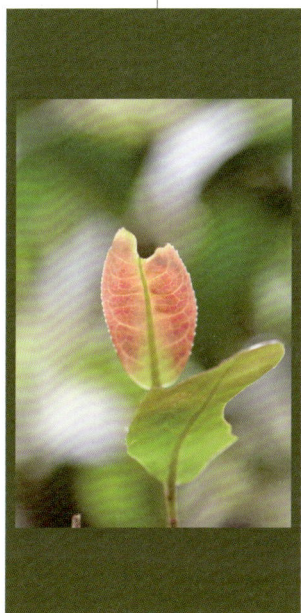

辨别好茶，了解生态

好茶即是好生态的完美呈现。

喝好茶，本质上喝的就是好的生态。

我们心目中的好茶，究竟是什么样子呢？无论它属于六大茶类中的哪一类，基本的共识应具备如下特点：气息纯正，无驳杂异味；香气清幽淡远，杯底留香馥郁久长；茶汤清透油亮；滋味平衡协调，鲜甜温和，不苦不涩；汤感黏厚细滑，饱满柔顺；回甘、生津持久；叶底鲜活耐泡；饮后体感明显，令人愉悦，有清凉感等。

巧妇难为无米之炊。要想做出一款高品质的好茶，仅靠"巧妇"的技艺是不够的，还需要找到生态绝佳的好"米"。

茶汤不涩，要求茶多酚含量适中，既不能太高，也不能太低。有研究表明：当茶多酚含量小于20％时，茶汤滋味的得分与茶多酚含量呈显著的正相关。当茶多酚含量大于24％，随着茶多酚含量的提高，茶汤的鲜醇度会有所降低，苦涩味也会加重。这一点，我们在品饮以中、小叶种为代表的绿茶与大叶种的普洱生茶时，会感觉非常明显。

茶多酚的合成，与茶树的光合作用密切相关。温度和光照，有利于茶多酚物质的合成代谢与积累。因此，茶树中的多酚类含量，尤其是酯型儿茶素（复杂儿茶素）的含量，会随着光照强度和温度的增加而递增，反之亦然。春茶相对于夏、秋季节的茶，气温较低，光照较弱，苦涩味较重的复杂儿茶素含量则相对较低。

茶树在生长的过程中，尤其在高温、虫害重的夏季，由简单儿茶素合成出更多的复杂儿茶素，就是为了使自己的苦涩味加重，让昆虫少吃、拒吃，以达到保护自身的目的。复杂儿茶素约占儿茶素总量的60%～75%，占茶叶干重的12%～15%，易被氧化，是茶汤的主体呈味成分。

夏秋季的光照较强，茶树为避免芽叶被强烈的紫外线灼伤，便被动合成了更多的花青素，使得某些茶树的芽叶泛紫红色。颜色偏紫的茶叶，香气减弱，苦涩度相对偏高。若是制作绿茶，其干茶的外观近乎黑褐色，汤色浑浊，叶底靛青。这也是古代贡茶不采紫芽的原因之一。高温、低温、干旱、强光、缺乏营养等，均能诱导、促进花青素的合成。在茶树新萌发的嫩芽中，适当积累一定量的花青素，能够有效降低多变的外界环境可能带来的伤害，为陆羽所推崇的茶笋的"紫者上"赋予了敢于在逆境中奋斗不息的内涵。陆羽在《茶经》中提出的"紫者上"，其实强调的是，名优茶种在芽笋初萌时的特别发芽规律与色泽特征。如：红

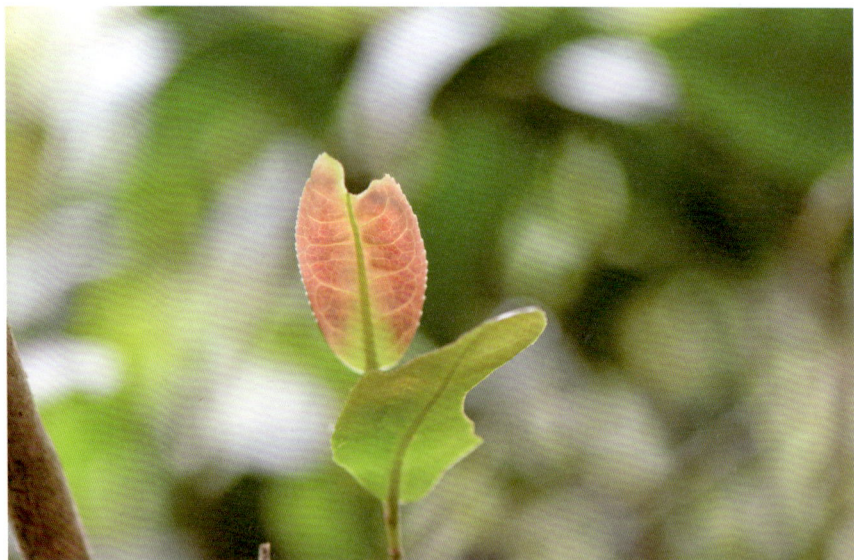

红芽佛手

心铁观音、红芽佛手、顾渚紫笋等。这个问题，我在《茶路无尽》中讲得非常详细，此处不再展开赘述。

若使茶汤不苦，必然要求茶中的咖啡碱含量不能太高。茶树中的咖啡碱，主要是在茶树生长最快的幼嫩叶片中生成并积累的，其含量随着芽叶的不断老化而递减，故咖啡碱在茶树新梢越嫩的部位，其含量越高。夏秋季茶树芽叶的生长较春季更快，茶多酚与咖啡碱的含量相对也会较高，故夏秋季的茶叶，往往会比春茶更为苦涩，滋味的协调性也欠佳。茶叶加工过程中的高温杀青、西湖龙井的辉锅以及乌龙茶的焙火等工艺的存在，都会使咖啡碱的含量有所减少，从而使茶汤的苦涩度进一步降低。

夏秋茶中的茶多酚及咖啡碱含量较高，与夏秋季害虫的活动频繁相关。夏秋季的茶树新梢，滋味变得苦涩一些，可以显著降低植食害虫的适口性，减少其进食量，影响其消化能力，从而可以有效地保护自己的幼嫩芽叶不被伤害。茶树生长较快的嫩梢部位的高咖啡碱含量，对昆虫来讲，是一种能够影响神经系统的杀虫剂。昆虫若是吃多了幼嫩芽叶，必定会头晕眼花、失去方向、产生幻觉等。这一点，与咖啡碱作用于人体的效应原理基本一致，只不过我们的体重较大，承受能力较强罢了。

茶树在弱光条件下，有利于氮元素的吸收，从而能够合成更多的咖啡碱，故陆羽在《茶经》中告诫我们：阴山坡谷的茶不堪采掇，其性最寒，饮之会使人罹患疾病。

苦涩度较高或咖啡碱含量偏高的茶叶，其茶汤的细腻度往往也会变差，这会严重影响到茶汤的高级感，如夏秋茶和某些云南大叶种茶等。其原因在于，茶多酚能够络合蛋白质和咖啡碱，形成更多的大分子物质，降低了茶汤的细滑度，从而使口感变得相对粗糙。

若要使茶汤滋味鲜甜，就要求茶中的茶氨酸等氨基酸类含量尽可能的高。茶氨酸含量的分布规律与咖啡碱大致类似，主要分布在茶树的新梢部位。新梢越幼嫩，生长代谢越旺盛，茶氨酸的含量就会越高，并且还会随着芽叶的老化而递减。故茶氨酸与咖啡碱的含量，可作为衡量茶叶老嫩的重要标准。在生物合成上，茶氨酸的生成又与茶多酚的合成规律基本相反。温度、光照能够促进茶多酚的合成，却会加速茶氨酸的分解，这也是芽叶较嫩、以滋味鲜爽为突出特点的绿茶，最好在清晨凌露而采、而不能在阳光下摊青的根本原因。

茶氨酸含量为什么以头采春茶为最高？这是因为，茶氨酸是在茶树的根部合成的。冬季休眠的茶树，其根部积累了一个冬季的茶氨酸，在早春茶树萌发时，茶氨酸便如井喷般地被输送到新梢的嫩叶与芽头中。况且春季光照弱、气温低，茶氨酸分解得少，故在头采春茶中其含量最高。到了夏秋季，气温逐渐升高，光照逐渐增强，茶树根部输送到新梢的茶氨酸，不仅相对比春季少，而且还会在高温与强光下分解得更多更快，分解产生的乙

胺，又成为了合成儿茶素的原料之一。因此，遮阴、弱光能够抑制茶氨酸的分解，使得更多的茶氨酸积累下来。陆羽在《茶经》中强调的生长好茶的"阳崖阴林"，就是通过"阴林"的遮阴，让茶树新梢产生、保留更多的氨基酸类。刘禹锡的"未若竹下莓苔地"，更是本质地道出了好茶所必需的生长环境。竹林气息纯净，茶叶在生长过程中不会沾染自然界的杂味。茶树下青苔遍布，说明了竹林为茶树创造了半阴半阳的绝佳环境，而且此处的空气湿度较大，茶树的毛细根发达，合成的茶氨酸自然就会多一些。在山林、阴林、竹林的环境中，照射到茶树上的光线，多为散射光，茶树芽叶分解的茶氨酸相应就少。万物负阴而抱阳，阴阳各半，恰恰又是产生高品质茶的最适宜的生态环境。和为茶魂，生态的和谐，才会造就茶汤滋味、香气的调和。

茶汤里的甜，需要茶树积累更多的糖类。春季光照、气温适宜，空气湿度高，昼夜温差大，茶树生长代谢旺盛，通过光合作用可以积累更多的糖类物质。可溶性的果糖与葡萄糖积累多了，茶的清甜感便会表现得尤为突出。

茶汤里的协调滋味，大多与茶树所处的海拔高度正相关。海拔高，意味着气压低。我们知道，海拔每升高100米，气温便降低0.6℃。一般来讲，当茶树所在的海拔高度超过500米时，茶多酚的含量会随着海拔高度的增加而降低的。高海拔茶山具备如下特点：气候温和，相对低温，生态绝佳，雨量充沛，流泉潺潺，植

云窝老丛，生长好茶的生态环境

被茂密，树木参天，云雾缭绕，空气湿度高、流通性强，昼夜温差大等。

　　高海拔森林地貌茶山的环境湿度、云雾条件、植被及石壁的存在，使茶树接受的光照以漫射光和折射光为主，区别于低海拔茶园的以直射光为主。高海拔茶树接受的光照质量高，时间短、强度弱，且以蓝紫光为主，有利于氨基酸、蛋白质、香气和维生素等物质的合成代谢与积累，降低了茶多酚的含量。

　　高海拔茶区的昼夜温差大，空气湿度高，夜间气温低，从而使叶片背面呼吸气孔关闭，呼吸作用随之减缓，茶树能够积累更多的糖类与营养物质。高海拔茶区的光照短且漫射光多，使糖类通过光合作用的缩合变得困难，茶叶中的纤维素不易形成，故茶树新梢的持嫩度较高。另外，高海拔的茶叶，还表现为叶片肥厚、身骨重实、持嫩度好、节间稍长、叶质柔软黏手等。

高山低温，茶树生长慢，尤其是对茶汤滋味有改善的糖类、氨基酸和蛋白质的含量较高。高海拔地区夜间低温，昆虫活动减弱，病虫害少，勿需担心农残问题。

高海拔的低温条件，在一定程度上抑制了虫害的侵袭和蔓延，故高海拔茶的咖啡碱含量较低。茶树的咖啡碱，一般会随着海拔高度的升高而显著降低的。

叶绿素是绿色植物光合作用的重要成分。茶叶中的干物质，90%以上是通过光合作用合成的。茶树的叶绿素含量，在海拔1700米以下，是随着海拔的升高而升高的。当超过1700米时，茶树的叶绿素含量通常会下降。这说明，生长好茶的海拔高度，不一定是越高越好。例如桐木关的野放茶树，当茶树的海拔高度超过1600米时，不仅不利于茶树的生长发育，而且还有可能在冬天被低温冻死。

高海拔茶山的低温、高湿、云雾及土壤矿质元素丰富等特点，有利于茶树高沸点芳香物质的合成与积累。另外，海拔升高、气压降低，无形中会使茶树的蒸腾作用加快。为了降低茶树的蒸腾作用，茶树新梢不得不分泌出一种芳香油，来有效抑制水

高山茶的云雾弥漫

　　分的过度蒸发，这也是高海拔茶树香韵特殊的一个重要来源。我通过长期的茶山实践发现：凡是滋味偏清甜、茶汤偏细滑的茶叶，其香气均会偏高偏幽。

　　至此，大家可能会产生疑问，自古人人皆知高山云雾出好茶，为什么在武夷山坑涧里的正岩茶，偏偏以海拔低洼为佳呢？这是因为武夷山正岩茶区的山峰，普遍还不够高，其主峰天游峰，海拔尚不足500米，不具备形成高海拔茶的地理条件。而生长在正岩区里的茶树，土壤以风化岩为主；环境相对清凉；昼夜温差大；加之植被茂盛与山体的遮挡，光照时间相对较短，在有些坑涧里，每天的光照甚至不足4小时；散射光较多；山涧潺潺的流水，为坑涧的茶树提供了充足的空气湿度。上述所形成的具有武夷特色的坑涧山场特征，又有点近似于高海拔山场的生态特征，不似之似，故正岩山场的茶，香气清雅馥郁，滋味甘活纯正，汤感厚滑细腻，叶底柔软，耐泡度高。

同样是武夷山风景区里的正岩茶，生长在坑涧里的茶与岩上的茶，又会因为土壤、湿度、温度、光照、风向、植被覆盖的差异，其香气、滋味、汤感、叶底、刺激性等又各不相同。故武夷山是岩岩有茶，茶茶不同。坑涧里的茶，如牛栏坑、慧苑坑、流香涧、悟源涧等，生态清幽，见光少，有利于氨基酸的积累，故茶汤偏细滑，香气偏清幽，含蓄而不张扬，气息清凉。而在武夷

武夷山马头岩的小山场

景区地势相对平坦的岩上的茶，如马头岩、天心岩、佛国岩等，地势开阔，日照相对较长，酚氨比值较高，故岩上的茶，香气张扬、刺激，如是肉桂，则会表现为桂皮味重、有辛辣感，刺激性强，汤感相对较薄。若是把坑涧茶里的牛栏坑肉桂与地势开阔的马头岩肉桂对比着细品，我们就会发现，二者气韵的差别，就是我们身临其境、曲径通幽的牛栏坑与艳阳朗照的马头岩的阴阳分明的感觉。

茶叶内的香气物质，虽然属于挥发性物质，但是，在茶树的生长过程中，它是以液体的形式存在的，故挥发性较低，因此，生长在茶树上的鲜叶，我们几乎是闻不到香气的。这也充分说明，茶叶中的香气物质，不是用来取悦人类和其他物种的，它天生是为茶树自身的生命活动服务的。千百年来，人们在绿茶、黄茶的摊凉，在白茶、乌龙茶、红茶的萎凋，在乌龙茶的做青过程中，在各茶类的焙火、干燥过程中，被动发现和认知了挥发出来的茶香的存在。茶的不平凡之处，在于"能从草质发花香"，故对人类情绪影响较大的茶之芬芳，一直令人陶醉并被讴歌至今。

人类具备自己的语言系统，能够赖之相互交流。茶树自身合成的香气物质，其实就是茶树之间信息传递、相互交流的"语言"。假如茶树甲遭遇到了虫害，该茶树就会散发出某类香气，快速有效地传递给邻近的茶树乙。茶树乙吸收了甲茶树传递来的香气物质以后，自身不仅突然增加了这类香气物质，而且茶树乙自身的抗虫能力也会同步增长。台湾的东方美人茶，就是一个典型的利用绿叶蝉的虫害提高茶香的具体实例。

在乌龙茶的摇青过程中，通过人工颠簸水筛，造成茶青的叶片损伤和水分减少，同样也能促进芳香物质的增加与转化。

假如茶山遭遇到严重的寒冷或干旱天气，某些茶树也会散发出某类香气物质，去影响或告诫邻近的茶树。当邻近的茶树吸收了传递来的香气物质以后，就会提高茶树自身的抗冻能力，也会被动降低自身的抗旱能力。自然界的植物，在有限的资源条件下，为了确保自身的生存，可能会产生利他行为，也会存在相杀相害的行为。这也是茶树遭遇天寒低温或干旱天气，茶叶相对更香的根本原因之一。总之，当非正常的光照、温度、湿度、土壤、病虫害等刺激了茶树，茶树为了自身的生存，便会被迫合成更多的香气物质，用于传递有利或有害的各类信息给其他茶树。

虽说万物生长靠太阳，但对于喜温、喜湿、耐阴的茶树来讲，漫反射与弱光照，才能孕育出滋味更清甜厚滑、香气更高级曼妙的足以移人的茶之尤物来。

综上所述，在较好的生态条件下，茶树的芽叶嫩度较高，泛黄绿色，叶质如绸缎般柔软，并且有黏手感。酚类物质合成得较少，故鲜甜的游离氨基酸类与可溶性糖类积累较多，能够很好地调和、覆盖酚类物质和咖啡碱的苦涩滋味。可溶性糖类及果胶质含量高，茶汤变得稠厚。可溶性蛋白质及茶氨酸含量高，故茶

遭受虫害的茶树叶片

汤细滑。高沸点的香气物质合成得多，故香气细幽清雅，持久绵长，杯底香浓。在茶叶散发的花香或果香中，还会兼有高海拔、好生态特有的淡淡奶香。由此可见，好茶即是好生态的完美呈现。喝好茶，本质上喝的就是好的生态。

白茶历史，最为久远

白茶没有经过锅炒杀青，其制作主要包含了萎凋和干燥两个环节。

我国的西南地区，是世界古老茶树的主要起源中心。古老的茶树，在人类的不断迁徙和驯化过程中，它会随着气候、土壤等生存环境条件的变化而不断变异。其总体的趋势为：在中国，由南向北随着气温的降低，大叶种茶树逐渐向耐寒的中、小叶种进化。乔木类茶树逐渐向寿命较短的灌木类进化，致使茶树的身姿越来越小，苦涩度越来越低，鲜甜度越来越高，香气更加丰富多彩，滋味变得越来越好喝。上述规律，与大叶种茶的茶多酚、咖啡碱含量高于中小叶种，以及其茶氨酸含量低于中小叶种的事实，是基本一致的。

大约在260万年前，我们的祖先，是靠吃植物的叶子来维持生命活动的。由于植物叶子的营养密度过低，因此，远古的人类，每天的主要工作就像今天的大猩猩一样，不停地吃与咀嚼食物。为避免进食繁琐和无趣带来的咀嚼厌倦，人类的大脑便把叶子的"鲜"味定义为一个味美的口感。我们今天喜欢茶叶的鲜甜、鲜

云南大叶种乔木茶树

美，就是镌刻在我们基因中的此种记忆在发挥作用。人类一直追逐的"鲜"味，其实是在追求蛋白质和氨基酸带给人类的营养和健康。

甜，通常与成熟水果中的糖分相关。对于我们的祖先来讲，从有限的食物中获得糖类，能够迅速补充体力和能量，帮助人类在食物短缺的恶劣环境中生存下来，因此，我们对甜味的偏好，其实是自然选择的结果。糖类不仅能为人体提供最直接的能量，而且也会促进多巴胺的分泌，使人心情快乐，催人奋进，改善我们对原始贫穷苦难生活的观感。

苦，主要是食物中的生物碱、萜类、糖苷类等在发挥作用。而苦味植物，很多是有毒性的，因此，苦味算是一种警示。人类对苦味的敏感，其实是一种有效的保护机制，能够提醒人类慎食或避免过量摄入苦味食物，从而减少对身体可能造成的伤害。但是，人类在有限的采集范围之内，为了生存，就必须在自然界中采用试吃的方式，去广泛筛选适合长期食用的较为安全的食物。期间，也一定会有无数的先辈们，可能会因食物中毒，损害了自己的健康或者献出了自己的生命。这些勇敢的无名先辈们，经过数代人的传说或转述，就变成了我们今天家喻户晓的"神农"。

西汉时，淮南王刘安及其门客编著的《淮南子》一书，在谈到神农氏时说，神农为了让老百姓知道哪些食物可以放心吃，哪些有毒不能吃，所以才一日而遇七十毒。古人对"毒"的认知是广义的。在西汉前后，人们习惯上把所有的药物都称之为"毒药"。茶性偏寒，这种偏性，即是古人认为的"毒性"。物有偏性，才会有治疗效果。如中医所讲的"热则寒之"，即热证要用寒凉药来治疗。反之亦然。茶的这种偏性，到了东汉前后，被记载到《桐君采药录》里，其中说，在四川东部地区，煎饮后令人不眠的茶，才是真茗茶。可见，当时的人们喝茶，并不是因为茶香袭人或滋味多么美好，而是因为茶树叶片里含有咖啡碱，能够振奋精神，令人不打瞌睡，从而让茶叶从千百食物、万千嘉卉中被筛选出来。饮茶提神的这种认知，从东汉前后，一直持续到唐代《茶经》问世，也没有改变和提升多少。晋代杜育的《荈赋》记载：（茶能）"调神和内，倦解慵除"。茶圣陆羽在《茶经》写道，若是为了解渴，喝水饮浆即可。那为什么要喝茶呢？当然是为了提神而解除瞌睡，即涤昏寐。此前，陆羽的老师皎然，在《饮茶歌诮崔石使君》诗中，也是持此观点。其诗云："一饮涤昏寐"，"再饮清我神"。

在当今我们能够读到的文献中，关于绿茶的蒸青工艺的最早发明，是在唐代初期孟诜的《食疗本草》中记载的。而茶的揉捻工艺，则是到了元代，才被王祯的《农书》明确提及的。这就意味着在唐代初期以前，可能会有绿茶的存在，也可能没有绿茶的产生。一个既没有经过杀青、也没有揉捻工艺存在的茶类，按照我们今天六大茶类的分类习惯，应该称之为白茶类或原始白茶类，方为恰当。

在那个制作原始白茶的古老年代，当时的人们，还没有建立起采摘春茶的理念。所采的鲜叶，通常为当年的秋茶或是上一年冬天长出的冬生叶，茶青也采得比较粗老。粗老的叶片，在太阳下经过简单原始的晒干后，为了便于运输或销售，使用米浆把叶片黏结成茶饼。西汉王褒在《僮约》中记载的四川地区的"武阳买茶"，大概率买到的就是此类茶饼。《桐君采药录》也可证实：在东汉乃至以前，"凡可饮之物，采摘的均是植物的叶片。"

那时采摘、制作的茶叶，又是怎样饮用的呢？据确切的文献记载，大概分为三种情形：一是采回的鲜叶，加入淀粉、蔬果类，直接煮作羹饮、茗粥，如江南地区；二是把晒干的叶片，先在火上炙烤，后加入盐、葱、姜、橘皮等混合煮饮，如四川东部、湖北地区；三是不加淀粉、果蔬类的茶汤清饮，如当时的四川酉阳、安徽地区。

东汉前后，茶器还没有从日常的饮食器中分离出来，专用的茶器尚未诞生。到了魏晋时期，漆器与高温烧成的瓷器，已经基本取代了过去王侯之家常用的青铜器以及吸水率较高的陶器，这也是我们今天在博物馆基本看不到东汉以后青铜器的主要原因。西晋杜育在《荈赋》记载的茶碗，是产自浙江温州一带的青瓷。八王之乱时，晋惠帝司马衷从许昌回到洛阳后喝茶的瓦盂，就是借用的当时的饭碗。晋惠帝喝茶使用的瓦盂，本质上已经属于

南北朝时期莲瓣纹青瓷盏托，美国大都会博物馆藏

唐代以前的原始瓷器

标准的瓷器了。瓷从瓦。许慎在《说文解字》解释说，瓷为瓦器，是坚硬的瓦。东汉后期，我国的青瓷烧造技术已经成熟，烧造出的温度高、结构致密、吸水率为零、轻盈美观的瓷器，淘汰了此前的青铜器以及结构疏松、吸水率较高的低温陶器，标志着自三国两晋南北朝开始，居家的日常生活器皿正式升级到了瓷器时代。

唐代陆羽在《茶经》中，首次提出了宜采春茶的概念，这意味着绿茶的黄金时代已经来临。与此同时，唐初之前人们煮饮的原始白茶，在文献中看似好像销声匿迹了，其实它并没有完全消失，只不过没有绿茶那样引人注目罢了。到了元代，马端临编撰的《文献通考》，记载了南渡以后的散茶中，就包括了不经过蒸青而直接晒干的白茶。南渡是指建炎南渡，康王赵构被金兵赶到了江南。这说明，在南宋的江南地区，白茶类是确凿无疑存在着的。

明朝中后期，以田艺蘅、屠隆、高濂为代表的江浙文人，不仅崇尚更近自然的生晒白茶，而且在其各自的著作中，也纷纷夸赞日晒白茶的淡雅脱俗、青翠香洁与天然之美，且无烟火气。冲泡后，则旗枪舒畅，青翠鲜明，尤为可爱。这也进一步证实了，单芽或一芽一叶的高等级日晒白茶的制作和品饮，在明朝中后期的江浙地区，已不再是个别现象。

清代同治九年（1870），江西省的《泸溪县志》，已经明确

记载了白茶的制法。其文曰："三月谷雨前，采最嫩者一叶一枪，摊干为白毫。"受绿茶采摘标准的影响，明朝中后期的白茶制作，已经开始采摘单芽茶或一芽一叶了。套用今天的白茶标准，单芽的叫做白毫银针，一芽一叶的称为高级白牡丹或牡丹王。

白茶的制作，从唐代之前的采摘粗老叶，到了明朝，为什么会一跃提升到了采摘单芽或一芽一叶呢？首先，它是受数百年来绿茶过分追求嫩度的采摘标准的影响，尤其是北宋的贡茶，采择之精之嫩，近乎畸形；其次是，饮茶方式从过去的粗放煮饮，演化到了明代以降的较为简易的壶泡或碗泡，这不仅要求茶汤的滋味细腻清甜，而且对饮茶过程中的审美标准和视觉享受也提出了更高的要求。在远古的粗茶的煮饮时代，茶叶不可能采得过嫩。嫩度高的茶叶，糖类含量较低，而滋味苦涩的茶多酚与咖啡碱含量较高。假如采用煮饮方式，即使在煮茶的过程中添加了蔬果、淀粉和盐巴等调味品，茶汤也会苦涩得难以入口。因此，从某种意义上讲，高等级的优质细嫩茶叶，如西湖龙井、碧螺春、白毫银针等，是不适合粗放煮饮的。

明朝万历年间，当谢肇淛、熊明遇、周亮工等人来到福鼎的太姥山时，这里还是传统的绿茶产区，并且所产的茶叶品质也不算太高。19世纪50年代，太平天国战争造成武夷红茶的北运通道受阻，晋商被迫在汉口周边采购红茶，粤商则辗转湖南一带推广红茶的制作技术。当太平军攻入闽北地区，烧杀抢掠，破坏了武夷山区及周边红茶的种植运销体系，间接推动了武夷红茶生产技术的外溢。闽北的部分茶农，向浙江北部迁徙，把红茶的制作技术带到杭州湖埠一带，诞生了九曲红梅。另一部分茶企，为了躲避战乱，被迫东移或外迁。在福建省原松溪县，由江西籍的赵姓茶商，发明了遂应场仙岩工夫红茶（政和工夫红茶的前身）；在福建东部较为偏远的宁德地区，诞生了白琳工夫红茶和坦洋工夫红茶。福鼎的白琳工夫、福安的坦洋工夫及政和的政和工夫，并列为闽红三大工夫茶。

1918年前后，由于印度、斯里兰卡红茶的崛起，中国红茶的出口开始出现断崖式的下跌。到了1919年，中国茶叶出口在国际市场的占比，仅剩可怜的6.2%，少量的绿茶市场也几乎被日本取代。当国际茶叶市场逐渐被印度、日本瓜分之后，福鼎、政和等地生产的大量红茶，突然失去了原有的销路。多地茶叶出口的滞销和停顿，导致了产区茶园荒芜，民生凋敝，饥寒交迫。茶农为了生存，无奈之下，只能把过去生产成本较高的工夫红茶，降级为制作简单的日晒白茶，省力、省工、省炭，以最大程度地降低成本，试探着在华人较多的南洋、越南等地，开拓新的外销市场。这也是为什么福鼎的白毫银针，到了光绪十六年（1890），才有外销记录的主要原因。

1999年，台湾地区的普洱茶市场崩盘之后，香港、台湾等地

福鼎大白制作的白毫银针

政和大白制作的白毫银针

的资本与茶商，便在2000年前后，着手策划、布局内地这片未被
开垦的普洱茶市场。他们通过媒体各方的舆论造势与洗脑，为普
洱茶注入了"越陈越香"的概念，把曾在内地土里土气、不受人
待见的普洱茶，成功包装成为"能喝的古董"，一举引爆了2006
年内地的普洱茶市场。此后的普洱茶价格，便呈数倍乃至几十倍
的疯涨，此番操作，把无数人震惊得瞠目结舌。2007年，是普洱
茶初步金融化的一个分水岭。发展到5月份，牛气冲天的普洱茶
市场，瞬间又上演了一波惊天狂跌。当炒作普洱茶的资金成功撤
离以后，内地的普洱茶市场，便迅速陷入了极度的萧条和萎缩之
中。在这场前无古人的由资本坐庄的炒茶游戏中，虽然很多跟风
者赔得一塌糊涂，但是，也让部分参与者顿悟了原来茶叶还可以
这样玩的规则，为接下来几年的古树茶、山头茶、单株茶等概念
频出的恶意炒作埋下了伏笔。

　　2008年，普洱茶的国家标准出台。2009年前后，各路资本
卷土重来，崩盘后沉寂许久的普洱茶市场，在新兴互联网的带动
下，借助古树茶的树龄大、产量低、品质高等概念渐渐复苏。
2010年前后，炒作资本又换了套路，开始注册自主品牌细分市
场，控制茶山上游的产业链，深入挖掘云南古树茶的名山名寨，
着力打造、包装普洱古树茶的高端形象。云南古树茶发展到今
天，那些成功打造出的名山、名寨市场，在人人都是自媒体的时
代，又被拥有古茶树的土著茶农给成功"截胡"了。消灭了规范

的中间商的古树茶市场，对消费者来讲，究竟是幸与不幸，现在下结论似乎还为时过早。总之，无论茶叶销售市场如何变幻，我们需要深知，春风吹又生，好茶年年有，任何茶并不具备稀缺性，在价格高企时，都是可以互相取代的。当市场基本盘无法支撑普洱茶的高价炒作之时，当销售市场的"韭菜"割不动的时候，一场酝酿已久的盛极而衰的新的雪崩，距离每一个参与者都不会太远。任何销售市场都没有新鲜事，只要人性不变，所有的投机，都是在重复昨天的故事。

到了2012年，在云南省的地方性法规里，古树茶的定义才变得清晰起来，并普遍把树龄超过100年以上的茶树，定义为真正意义上的古树茶。

2004年，在武夷山桐木关的元正茶厂，由北京的张孟江先生创意，在温永胜先生的主导下，成功制作出了桐木原生单芽红茶金骏眉，引爆并快速打开了中国的高端红茶市场。紧接着，福鼎、政和等地区的大部分企业，都在模仿桐木关的金骏眉制作技术，大规模地生产制作红茶与单芽的"金骏眉"，然而好景不长，当福鼎、政和地区的红茶销售之路越走越窄之时，当普洱茶的高价炒作逐渐脱离群众之后，自2014年开始，某地区的热钱、资本，便与福建茶商合谋炒作白茶，熟练借鉴、复制了彼时普洱茶"越陈越香"的带有金融属性的运作模式，公然编造出了白茶"一年茶、三年药、七年宝"的这种违背基本常识与食品法规的

文案，一炮走红。曾经白送都无人要、少人喝的白茶，从此通过人为推动的茶叶年年涨价的逻辑，凸显出白茶的投资、金融与养生属性，上演了一轮又一轮的茶市疯狂。是泡沫，总是要破裂的。不管是普洱茶、白茶，还是其他黑茶类的炒作，都是一个路子，万变不离其宗。近年来，每一轮的茶叶炒作的资本，都会通过舆论制造出一些违背常识的概念，去无情践踏、伤及到保健价值最高的中小叶种绿茶。可品可赏、如此美好的绿茶，究竟惹谁了？炒作资本的这般不厚道，对于国内产量最大的绿茶市场，是非常不公平的。

白茶的炒作，主要集中在两个热点：一是误把民国前后卓剑舟在《太姥山全志》记载的绿雪芽"今呼白毫，色香俱绝，而尤以鸿雪洞为最，产者性寒凉，功同犀角，为麻疹圣药"这段文献，强加给明末的周亮工，并把"白茶性寒凉""为麻疹圣药"这两句话，曲解为白茶能够治疗感冒，以此作为推广白茶的噱头。二是把白茶在萎凋、存储等过程中黄酮的增加作为卖点。岂不知黄酮本来就属于茶多酚的一种，白茶中黄酮的增加，是以儿茶素等多酚类物质的氧化、降解为代价的。这种多酚类物质自身的氧化异构与成分调整，是肉烂在锅里的此消彼长。在儿茶素大幅度减少的基础上的黄酮类增加，只意味着白茶苦涩滋味的降低以及茶汤颜色的加深。茶作为安全的食品类，刻意强调其药效或疗效，大概率都是基于商业目的的浮夸之辞。

熊明遇在太姥山题写的鸿雪洞石刻

正如蔬菜中的萝卜有很多做法一样，白茶的制作，其实就相当于"晒萝卜干"。白茶没有经过锅炒杀青，其制作主要包含了萎凋和干燥两个环节。如果不是用于交易的大宗商品，可以不去计较茶叶的含水率，直接把鲜叶在弱光下萎凋、晾干即可。过去很多农家自做的白茶，在价格低廉时，茶农是不舍得用炭火去烘干茶叶的。正因为以萎凋为主的白茶，不需要杀青和揉捻工艺，才使得白茶较为完整地保留了丰富的茶毫且不易脱落。因此，福鼎、政和等地区的茶农，才会选择历史上曾作为红茶主要原料的白毫密集的福鼎大白、福鼎大毫、政和大白、福安大白等去制作白茶。从这个层面来讲，今天的白茶类，称之为白毫茶，可能更为妥当和准确。

采用武夷山桐木关的野放菜茶，去制作白茶可行吗？答案自然是肯定的。选用桐木关的茶青，萎凋制作出来的白茶，滋味更加清甜，花香更为显著，只不过茶芽及叶片背面的白毫不太明显而已。云南景谷选择普洱茶区的原料秧塔大白生产出来的景谷大白茶，福建建阳选用乌龙茶区的原料水仙制作的水仙白茶，不都是市场上品质优秀且极富特色的白茶类吗？

白茶的香气和滋味，主要是在茶青的萎凋、水解、酶促氧化、干燥等过程中产生的。白茶不需要揉捻，故感觉比较耐泡、滋味比较淡雅醇和、不苦不涩。白茶的鲜甜，主要来自可溶性糖与游离氨基酸的积累，同时，也会抑制黄酮增加可能带来的苦涩滋味；外观颜色的灰绿，源于叶绿素的脱镁；汤色的淡黄明亮，得益于茶黄素与黄酮类物质的增加；苦涩滋味的降低，根源于儿茶素的直线下降；香气的提高，主要是在萎凋和干燥过程中高沸点香气物质的成倍增加所致。虽然在整个白茶的轻微发酵过程中，糖类的含量较鲜叶是下降的，但是，可溶性糖和氨基酸的鲜甜与儿茶素降低后的苦涩滋味，在茶汤中又重新建立了清鲜醇和的滋味平衡。自古优秀的传统制茶技法，都是一个扬长避短，使茶的香气更清幽、滋味更清甜的过程。

白茶最理想的萎凋环境，是在弱光照、适宜的温度

（20℃～25℃）与湿度（65%～75%）且有风的天气下，鲜叶均匀薄摊利于蒸发水分，尽量控制在72小时以内完成茶青的萎凋。白茶自然萎凋的本质，在于控制茶青的走水与内含物质的转化。而走水和内含物质转化的动力，主要取决于茶青萎凋时的温度和湿度。高品质白茶的萎凋，是一个既不能通过提高温度来促进酶促氧化，也不可过度抑制酶促氧化的一个自然过程，以此来形成白茶特有的品质和风味。

日光下萎凋的茶青，尤其是阳光中的黄色光、蓝色光，能够明显提高白茶的清香和花香。但要注意，日光萎凋，是一个借助日光、风力、温度、湿度的温和的失水过程，不是单纯的日光暴晒，尤其对于白毫银针、高级白牡丹这类嫩度较高的茶青，如果萎凋时的阳光过于强烈，就必须要把茶青及时转移到阴凉通风处，否则，茶青会被晒红、灼伤，会造成茶氨酸的大量降解，影响白茶的鲜甜清爽滋味与茶汤的细腻度。

阳光下自然萎凋适度的白茶，叶绿素破坏得较少，外观灰绿，茶毫亮白，花香清纯，活力盎然。

白茶萎凋的温度，会影响到酶的活性。适当降低茶青的萎凋温度，能够有效抑制多酚氧化酶的活性；合理控制萎凋叶的失水速度，有利于滋味鲜甜的氨基酸的积累。萎凋叶若是失水速度过快，且萎凋时间少于36个小时，内含物质的转化则会明显不足，会造成干茶的叶色偏绿，青气重，甚至会带有腥气，滋味苦涩，

政和野放老丛白茶的萎凋

茶汤淡薄。若是萎凋叶的失水速度过慢，且萎凋时间大于72个小时，则会造成内含物质分解过多，滋味寡淡，叶色偏黑褐，甚至会有霉变发生。茶青萎凋时的水分，主要通过叶子背面的气孔与叶子表面的角质层向外扩散、蒸发的，因此，做茶当下的环境温度、湿度与空气流通速度，都会直接左右着茶青水分的蒸发速度快慢，也会明显影响到白茶的萎凋时间及成茶品质。

茶农做茶，靠天赏饭。与乌龙茶的萎凋一样，晴朗的北风天气，低温、清爽、干燥的难得条件，均有利于白茶品质的提高。若是温暖、湿度较高的南风吹来，成茶的品质会逊色许多。在高温高湿、高温低湿、低温低湿、低温高湿等气候条件下，是很难做出高品质的白茶的。因此，白茶的萎凋，看似简单，其实会受到很多环境因素的制约的。掰开手指头算算，短促的春茶季，哪有几个好的天气？一泡好茶确实来之不易，需要且品且珍惜。

我们在市场上常见到的白茶，根据茶青采摘标准的不同，大致可分为芽茶（白毫银针）和叶茶（白牡丹、贡眉、寿眉）两类。若是按照茶树品种来分类，又可分为大白、小白、水仙白三类。其中，大白茶的单芽，称为白毫银针；大白茶和水仙白的一芽一叶、一芽两叶，常称为白牡丹；小白茶（群体种菜茶）的一芽两叶或三叶，叫做贡眉；低于贡眉标准的或采用大白及小白品种制作的不含芽头的成品干茶，原则上统称为寿眉。

我们常见的福鼎白茶，主要包括福鼎大白和福鼎大毫两个品种。福鼎大白属于中叶种，芽短而毫白。福鼎大毫属于大叶种，芽头大而肥壮，茶毫多而长。与福鼎大白相比，福鼎大毫的氨基酸含量稍低，故鲜甜度稍弱；而茶多酚含量稍高，故茶汤苦涩滋味稍重。

政和白茶的生长环境，多偏高山，主要包括政和大白与福安大白两个品种，都属于大叶种。二者相比，政和大白的外观颜色稍偏灰绿，滋味稍微偏涩，但醇厚度不及福安大白。

若把福鼎与政和所产的白茶相比较，我们就会发现，福鼎白茶芽白肥壮，毫密而多，但叶片偏薄软，香气偏花香，滋味稍清甜。而政和白茶，主要以大叶种为主。大叶种的特点，即是滋味醇厚，芽瘦而长，茶毫略薄，色偏灰绿，香气为花香兼豆奶香，耐泡度高。若是树龄大的老丛白茶，丛味、棕叶香和清凉感，尤其明显。

若是选择在当下品饮，福鼎所产的白茶，滋味偏鲜甜，似乎更讨人喜欢。若要长期存放，尤其是在五年以后，滋味醇厚的政和大白，才开始渐入佳境，微显阐幽，似乎更占优势。茶如人生，知来藏往，学会选择，也是人生的一种智慧。

鲜爽绿茶，习茶基础

绿茶可品可赏，品的是它的鲜爽清香，赏的是其青翠养眼的外观。

　　在西晋杜育的茶瓯中，沫沉华浮的，还是初秋时采的茶叶。在隋朝人的茶碗里，还没有芽茶出现。自从唐代陆羽的《茶经》问世之后，采摘春茶、制作蒸青绿茶，开始深入人心、蔚然成风。北宋梅尧臣有诗赞曰："自从陆羽生人间，人间相学事春茶。"根据《茶经》的记载，制作饼茶的茶青，要在晴天采摘，经过蒸青并趁热捣烂之后，仍然有"芽笋存焉"，这充分证明，唐代的蒸青绿茶，其采摘标准，至少是一芽一叶了。

　　当绿茶的采摘标准逐渐趋嫩以后，相应的茶叶中的茶多酚、咖啡碱、茶氨酸含量增高了，糖类降低了，相对于唐代之前煮茶的茶之老叶，在茶汤的鲜爽滋味增强的同时，其苦涩滋味也同步提高了。苦涩度的提高，就意味着刺激性的增加。为了降低茶汤的苦涩度，让茶汤变得更好喝，滋味更鲜美，最佳的办法，就是要把上古粗放的煮茶方式，改良为更加精致、更易控制茶汤浓度的煎茶法。简言之，茶汤入口滋味的好喝不好喝，本质上是一个

顾渚紫笋茶的芽笋

茶汤的浓度控制问题。等级越高的茶，越应该淡泡。等级越高的茶，也越不适合直接煮饮。

　　煮茶，是把茶叶（茶末）直接投入锅内或鍑里，待水沸腾后，舀出饮用。在煮茶过程中，可以添加水果、蔬菜、坚果、盐、淀粉等调味辅料，当然，也可以不加。煎茶，是先煎水，待水温达到80℃左右时，把称量好的茶末投入茶鍑内，待水沸腾后，酌分茶汤，趁热饮用。（唐代陆羽的煎茶法，在一沸时加盐。在接近沸腾时，还要把提前取出的二沸的水，去止沸育华。）从煮茶与煎茶的比较能够窥见，煎茶本质上减少的是水与茶叶的浸泡时间，理性控制的是茶汤的浓度问题，着力降低的还是茶汤的刺激性问题。我们从《茶经》的记载也能看出，煎茶比煮茶更加系统化、理论化、精细化和文人化了。当下喜欢煮茶的我们，应当从唐代的煎茶法中去汲取精华，为我所用。煮茶与煎茶，虽是一字之差，却有着雅俗之分；茶之滋味与品茶的意蕴，也会存在着云泥之别。借用宋代张伯玉的一句茶诗，来诠释煎茶之美，即是"瓯中尽余绿，物外有深意"。这其中的"深意"，值得我们用一生去思考和追寻。

　　高质量的生命活动，需要删繁就简。简单，意味着更高级。唐代陆羽开创的煎茶法，程序较为繁琐，随着喝茶人数的剧增，饮茶习惯的各异，必然会被更加简易的点茶法所取代。简单地讲，煎茶是在锅内先煎水，后投茶，煮沸后，再把茶汤舀入碗内饮用。点茶是先把茶叶（茶末）投到茶盏里，再注水，搅拌后直接饮用。其实，我们今天在盖碗（茶壶）内先置茶、后注水的泡茶或冲茶方式，也属于广义的点茶方式之一。只不过宋代所点的茶，是较细的粉末状的，饮前需要搅拌均匀；我们今天冲泡的茶，是揉捻过的，茶叶没有碾碎而已。在北宋景佑年间（1034~1038），范仲淹茶诗中的点茶，还是用青绿色茶盏冲泡出的青翠色的茶汤。到了皇祐三年（1051），蔡襄在《茶录》里建议仁宗皇帝的点茶法，已经改头换面，自成一家，不再注重茶的滋味和香气，开始强调茶末与水混合搅拌后形成的汤花、盏面的鲜白效果及沫饽与茶盏边缘的黏连程度（咬盏）等。到了大观元年（1107），宋徽宗作为影响力非比寻常的一国之君，把点茶技法疯狂地推向了历史的巅峰。对于茶之色泽的认知，从蔡襄的茶色以青白为上，改变为宋徽宗时代的以纯白为上、青白为次。从此，传统的点茶，基本分化成了如下两种方式：一种是南宋陆游记载的茶汤里含有坚果、水果、香草、蔬菜等可以解渴、饱腹的撮泡法；一种是崇尚汤花的细白、沫饽的黏稠程度并侧重观赏娱乐的斗茶法。

宋徽宗为什么会如此热衷于点茶技法呢？为什么要求点茶的汤花更细腻、更稠厚、更雪白呢？这一切，大概与宋徽宗崇信道教有关。宋徽宗赵佶，玩心不小，政治野心不大，他曾把自己册封为教主道君皇帝。他修道的目的，是真心希望自己能羽化成

宋代点茶的兔毫盏

仙，不像宋真宗赵恒那样，仅仅把道教作为稳定自己政权的统治工具。因此，在"诸事皆能，独不能为君耳"的宋徽宗的内心追求中，喝茶不仅仅是啜英咀华、致清导和，他极有可能把点茶所形成的汤花，视为助其成仙的"丹药"了。因为宋徽宗深信由道士林灵素开创的神霄道派学说，他妄想成为仙国的皇帝。据记载，宋徽宗在被迫退位的时候，还穿着道服，向神霄玉清帝君祈求庇佑，可见宋徽宗对成仙之道的愈发执着和迷恋。

我们知道，日常生活中的蒸菜，是不如炒菜香的。同理，唐宋时期的蒸青茶，其香气并不高，滋味也没有我们当下的茶汤鲜美。尤其是宋代的贡茶，因为采得过嫩，其香气也会较低，故要在茶饼中加入龙涎香、麝香、冰片等珍贵香料，以助茶香。我们必须承认，在很长的一段历史时期内，古人对茶的认知是不科学的，常常笼罩着一层挥之不去的浓重的道教色彩。而推动着部分古人喝茶的原动力，在很大程度上来源于他们对汤花的错误理解，以及功利性地夸大了饮茶成仙的特殊功效。宋徽宗作为虔诚的道教徒，自然也不可能例外。

成书于东汉前后的《桐君采药录》写道：茶的沫饽，即浮在茶汤表面的泡沫和汤花，对人是有益的。壶居士的《食忌》也认为：常饮苦茶，可令人羽化成仙。就连茶圣陆羽也在《茶经》中明确地说：茶汤上漂浮的汤花、沫饽，才是茶中的精华。精英浮其上，故茶汤要趁热饮用。鉴于此，古人在饮茶时，必然会特别关注茶汤泡沫的丰富性与完整性，这也是宋代点茶取代唐代煎茶的重要原因之一。唐代，煎茶时舀出的茶汤沫饽，在分茶时很容易破裂。而宋代，在固定的盏内点茶，又不需要酌分茶汤，故点茶形成的泡沫较煎茶更为完善。况且，点茶时的茶粉，要求更加细腻，搅拌程度也较煎茶更为剧烈，因此，点茶产生的汤花和泡沫，便非常细腻和密集，如胶体一样黏附在茶盏的边缘，持久难散，是为咬盏。为了增大与增强汤花对视觉形成的冲击力，清晰地辨别出谁点出的汤花更加鲜白、泡沫更加细密丰富、汤花与茶盏边缘咬合后驻留的时间更加久长等，在唐代"青则益茶"的茶瓯，便革新为上宽下窄的斗笠形黑褐色茶盏。当宋代的斗茶，在点茶技法与汤花的表现上产生了高下之别和输赢之分，于是，斗茶便很容易在赌风甚盛的两宋，迅速演化成了带有赌博性质的全民游戏。两年前刚刚写完《茶录》的蔡襄，在杭州与营妓周韶赌茶，斗输后答应帮助周韶恢复自由身的愿望，还是由苏颂向杭州太守陈襄求情才得以实现的。这件事，被苏轼完整记录到《天际乌云贴》中。宋代从宫廷到民间，成千上万的人沉醉于"茗战"，并乐此不疲。他们借助茶匙、茶筅点茶时，盏面的水纹、汤花和泡沫，是很容易偶然聚合形成某种图案或者形似的某种文字，这种如天空中变幻莫测的云彩一样的白云苍狗，被陶谷作为奇闻异事记载在《清异录》中，就变成了后世传说中的"茶百戏"。如果"茶百戏"真的在历史上出现过，就如同我们随便在水泥地上泼一瓢水，其流淌的水痕随机形成的图案，可能会近似一只狗、一只猫或一只老虎等。这种偶然生成的图案，是随机的与不受控制的，也是不可能再重复呈现的，这是否也是"水丹青"的一种呢？同理，凡是图案或文字，能够在茶汤中重复呈现的所谓的"茶百戏""水丹青"等，几乎都是当代人基于商业目的的凭空杜撰或胡说八道，与宋代点茶的真相和事实了不相干。

唐代的文人雅士煎茶，追求茶色青绿。宋代点茶，追求茶色的鲜白，势必会造成春茶的越采越嫩，这就需要采摘叶绿素含量低的头春芽茶或者寻找变异白化的茶种，如今天的安吉白茶、白鸡冠等。自元代开始，当汉族文人被打入社会的最底层，生

活境遇甚至不如乞丐、娼妓之时，自然就没有财力与闲情去点茶了。尽管到了明代早期，朱元璋的第十七子宁王朱权，撰写《茶谱》，革新宋代的点茶模式，力图接续宋代的美学精神，但这一切，都已是强弩之末，无济于事了。

随着元代制茶揉捻工艺的发明，炒青茶、烘青茶的渐次兴盛，尤其是在明初朱元璋废除团茶、提倡散茶的有力推动下，饮茶的冲泡方式，终于脱去那身华而不实的外衣，拨乱反正，回到简单以沸水冲点茶叶、追求茶之真香和真味的正路上来。从唐代到明代，文人雅士们对茶之色泽的审美，在绕了一个大圈之后，又重新回到唐代的茶色以青翠为上。为了表达、衬托茶的自然之性及外观的青翠可爱，明代文人对茶杯的选择，自然是景瓷的以白为佳，以小为贵。

绿茶按照杀青工艺及干燥方式的不同，一般分为炒青绿茶、烘青绿茶、蒸青绿茶和晒青绿茶。

大约是在商代，中国人就掌握了利用水蒸汽把食物蒸熟的技法，这就是"蒸"。在铁锅和植物油没有出现之前，是不可能存在炒菜的。植物油的加工技术，最早出现在东汉末年至西晋时期。到南北朝时，才进入中国人的食谱。北魏贾思勰的《齐民要术》中，记载了在铜铛中用芝麻油炒鸡蛋的做法。这是中国历史上关于炒菜的最早且是最无争议的明确记载。随着铁锅和植物油的普及，唐宋以后，炒菜才开始在民间变得流行起来。唐宋以前，人们利用原始的瓦甑、木甑来蒸饭和蒸菜，自然也就触类旁通地掌握了茶叶的蒸青技法。既然我们知道，炒菜与炒青茶，比蒸菜和蒸青茶更加美味清香，那么，在茶叶制作的发展过程中，蒸青绿茶就一定会被香气和滋味更佳的炒青绿茶及烘青绿茶所取代。孔子说："礼失而求诸野。"同样道理，蒸青绿茶也只能在地理环境相对闭塞、经济欠发达的少数民族地区幸存下来，如湖北恩施地区所产的恩施玉露。晒青绿茶也只能在物资短缺、气候干燥、太阳光照强烈的云南地区顽强地遗存下来，如云南普洱茶的晒青毛茶等。

炒青绿茶，其干燥以炒为主，萌芽于唐代中后期，南宋在浙江绍兴一带流行。如欧阳修《归田录》记载的两浙草茶排名第一的绍兴日铸茶；明末安徽歙县的老竹大方，今天杭州呈扁形的西湖龙井、苏州呈螺状的碧螺春、安徽泾县呈珠状的涌溪火青等，都属于典型的炒青绿茶。炒青茶的锅温较高，多带有炒黄豆香、板栗香、炒米香等浓郁的火香味。

绿茶在杀青、揉捻结束后，为了提高干燥的效率及茶之风味的改善，便创新出了烘青绿茶。烘青绿茶的干燥方式，以传统炭火烘干或现代的烘干机烘干为主。烘青绿茶起源于明代，其后主要影响到安徽地区。如明末的松萝茶，现在的黄山毛峰，以及六安瓜片、猴魁等。近年崛起的浙江所产的安吉白茶，其工艺，还是模仿了黄山毛峰的制作技术。烘青绿茶的香气，多带有自身的

扁形的西湖龙井茶

嫩香、清香、兰花香等。

烘青绿茶在干燥过程中，没有炒青绿茶的翻动、碰撞和再紧
条等，受力较轻。其条索较为完整，条形基本呈自然状态，较
为松散，故利于吸附鲜花的香气，适合作为窨花茶的茶坯。烘
青后的干茶，色泽深绿，香气偏清纯，但香气、滋味不如炒青
绿茶浓郁。

蒸青绿茶，最早可以追溯到唐代初期，采用的是我国绿茶加
工中最古老的蒸汽杀青工艺。由于传统的蒸汽杀青的温度较低，
杀青时间较短，因此，传统的蒸青绿茶，能够保留较多的叶绿素

和鲜叶中原有的香气成分。蒸青绿茶的香气偏海苔味，草木气息浓郁，偶尔也会带点淡淡的青气；滋味比炒青、烘青绿茶鲜爽；具备典型的外观色泽翠绿、汤色嫩绿、叶底青绿的绿茶"三绿"特征。

晒青绿茶，是指在绿茶的初制工艺中，其干燥是利用日光晒干的青毛茶。在四川、贵州、广西、云南等地的晒青绿茶中，以云南大叶种的晒青绿茶品质为最高，又称滇青。低温晒干的晒青绿茶，含水量高，白毫显露，保留了较多的清香物质，多作为紧压茶类的原料使用。

绿茶的制作工艺，主要包括摊凉、杀青、揉捻、干燥等环节。

绿茶的摊凉，其实是轻微的萎凋。制作绿茶的茶青，不能像乌龙茶、白茶那样在阳光下萎凋的原因，就是要尽可能地保留住滋味鲜爽且与绿茶品质正相关的茶氨酸。绿茶的最佳采摘时段，是在太阳出来前后的清晨，其目的也是为了避免茶氨酸的见光分解。陆羽在《茶经》中建议"凌露采焉"。

茶树的新梢、鲜叶，被采下以后，仍然是活着的生命体，仍然存在着像长在树上一样的呼吸作用。离开母体的茶青，仍然能够吸收空气中的氧气，分解营养物质为自己提供生命能量。失去了茶树母体给自己提供营养物质，茶青又会怎么办呢？它只有不等不靠、自力更生一条道，随之立即启动、激活自身的水解

绿茶的摊凉

酶，去分解淀粉、原果胶、双糖、糖苷类及蛋白质等，迅速补充茶青中的可溶性糖、水溶性果胶、氨基酸类和香气物质的含量。茶青这种自身的水解作用，看似是水溶性物质增加了，但从本质上看，其实是营养物质的自我消耗，总量是递减的。因此，无论是绿茶的摊凉，还是其他茶类的萎凋，都不宜温度太高、耗时过久。

绿茶的杀青，就如我们居家炒菜一样，要尽可能地高温炒制，其目的是把"青菜"炒透炒熟，不能带有青气和驳杂气息，降低其刺激性。鲜叶中的多酚氧化酶，是一种金属蛋白质，在15℃~35℃的范围内，随着温度的升高，其活性是增强的，当超过40℃，其活性会逐渐下降的。红茶的发酵，就是要充分发挥多酚氧化酶的活性。而绿茶的杀青，则需要高温且迅速灭活分布在细胞叶绿体、线粒体中的多酚氧化酶，有效阻止多酚类的酶促氧化，保持绿茶特有的色泽翠绿。多酚氧化酶具有极强的耐热性。杀青的原理，即是通过高温使酶发生变性。低温杀青不仅不能钝化酶的活性，反而会增强酶的活性，容易形成红梗红叶，使茶青向红茶方向发展。绿茶的杀青，必须尽可能在最短的时间内，使叶温达到80℃以上，且要持续一段时间，才能达到绿茶所要求的理想效果。低温杀青，是无法把茶青炒好炒透的。高温杀青，才能使低沸点的刺激胃肠的物质挥发掉，有利于较高沸点的香气物质的形成。由此也能看出，绿茶通过杀青，使鲜叶中的各类酶均

绿茶的烘青

失去了活性，它不像其他茶类，可以利用酶促作用生成更多种类
的香气物质。

　　杀青一词，可以追溯到先秦。在那个时候，书写用纸尚未出
现，古人便把文字写在狭长的竹片（竹简）或木片（木牍）上，
然后在竹简或木牍上打孔，用线绳或牛皮条把它们编连成册，就
形成了最早的书籍。但是，由于竹子表面生有一层光滑的青皮，
难以刻字，还易被虫蛀，古人便把竹片放到火上炙烤，再刮去表
面的青皮，这样既克服了竹皮难以刻划的难题，又解决了书册在
保存过程中可能遇到的虫蛀问题。古人把这个炙烤青竹、刮去青
皮的过程，称之为杀青。又因烘烤湿润的青竹表面蒸发出的水分

像出汗一样，故又叫汗简、汗青。到了秦代，毛笔得到了普遍应用，古人虽然可以直接在竹简上写字了，但是，由于竹青光滑，写在竹简上的字，是很容易被擦去的，于是，古人需要先把构思好的初稿写在竹青上，然后用刀子削去竹青，最后再在竹白上写下定稿当墨迹渗入竹白以后，就再也无法修改了，这道工序也叫"杀青"。"杀"的字意，最初为"削"或"刷"，后世常用杀青来泛指书籍定稿、电影拍摄完成等。杀青一词，被借用到制茶工艺之后，就变成了"固定茶青品质"的意思。

绿茶的香气，既然是在芽叶的杀青温度80℃以上形成的，那么，最佳的泡茶水温，应不宜低于80℃，否则，既不能挥发出茶的真香，也不可能泡出茶的本真滋味。使用80℃以下的低水温泡茶，无非是为了刻意降低茶多酚及咖啡碱的浸出率，掩盖低等级茶的明显、尖锐的苦涩滋味罢了。

绿茶的揉捻，其实是分为两个部分：一是揉，二是捻。揉，是使茶叶成为条形；捻，是使茶叶细胞破碎，挤出茶汁，并使茶汁黏附在茶叶表面利于成形。揉捻的目的，首先是为了塑形，既要成条，又要显毫，揉出我们需要的条形、针形、片形、球形等外观；其次是，适当破坏茶叶组织，使茶叶的内质成分既容易泡出，又要耐冲泡。这就对茶叶的揉捻技法提出了更高的要求，茶青既不能揉捻过轻，过轻则茶的滋味寡淡，条索也不够紧结；又不可揉捻过重，过重则条索易断碎，汤色可能不够清澈，茶汁的浸出速度过快，会造成茶汤的前三水浓而苦涩，后三水淡而无味。

高等级绿茶的茶青较嫩，纤维素含量低，果胶含量高，需要在杀青后摊放一定时间后再揉捻，俗称冷揉。对于稍粗老的茶青，需要杀青后趁热揉捻，糊化的淀粉能够增加叶表的黏性，利于成条，并能显著降低茶末的产生。

绿茶干燥的目的，首先是，保证在高温下消除揉捻叶中残余酶的活性，最大程度地保留对绿茶风味影响较大的叶绿素。其次是，尽可能减少低沸点的青气物质，增加香气的丰富性与纯净度，使不同品种和不同嫩度茶叶中的香气物质，在不同的温度下向清香、嫩香、豆香、板栗香、花香、花果香、海苔香、烘烤香、焦香等转变。第三是，使干茶的含水率降至6%左右，继而延长其保质期。绿茶中的香气物质，主要来源于两个方面：一是鲜叶本身含有的游离态的香气物质；二是在加工过程因受热而转化生成的芳香产物。

绿，代表着勃勃生机；鲜，与"新"和"美"密不可分，故"绿"与"鲜"，逐渐成为数千年来判断食材优劣的重要标准。而审美是一种与生命、生存和生活密切相关的体验与直觉。因此，绿茶是六大茶类中最具审美高度的茶类。绿茶可品赏，品的是它的鲜爽清香，赏的是其青翠养眼的外观。在最美的春季，不饮春绿，怎知春茶美？焉知春滋味？

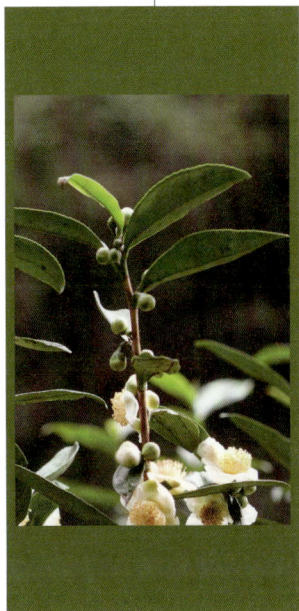

小众黄茶，醇和三黄

黄茶的闷黄，与在一定温度、湿度下的青杏、青皮香蕉的闷黄，有异曲同工之妙。

　　黄茶，属于小众茶。在以绿茶消费为主的中国，黄茶的存在感一直不够强，故也难以引起人们的关注。

　　我们在古代文献中看到的"黄茶"二字，并不等同于今天的真正的黄茶类，它一般是指早春泛着嫩黄的茶树新梢的芽叶。大约到了清末的光绪十八年（1892），四川名山县的县令赵懿，在《蒙顶茶说》一文中，才详细记载了蒙顶黄茶的制作方法，这就意味着黄茶制作工艺的真正成熟与存在。那么，黄茶的制作工艺，究竟最早诞生于什么时间？从我们能够读到的确凿的有限文献来看，还难以定论。到明朝末年，人们还把制茶过程中偶尔出现的黄变认为是工艺缺陷。在炒制绿茶时，需要安排一人用扇子扇风，以祛湿热，避免炒茶过程中产生的蒸汽破坏了叶绿素，从而使茶叶变黄。明末，闻龙在《茶笺》文中告诫："扇者色翠，不扇色黄。"由此可以断定，至少在明末，黄茶还没有为世人接受或尚未诞生。

　　从中国制茶的发展历程来看，黄茶的诞生，大概率是在绿茶的制作过程中，因杀青温度过低或杀青时间过长，或杀青时抖散不充分，或杀青后没有及时摊晾、揉捻、干燥等，茶坯在湿热作用下，至少有60%以上的使茶叶呈现色泽翠绿的叶绿素受到了破坏，并在热化作用下发生了非酶性的自动氧化，形成了事实上的黄叶黄汤现象。

　　在绿茶的制作过程中，茶青因各种失误而变黄，虽然影响了传统绿茶的品质，但却因茶青的黄变，而呈现出了不同于绿茶的香气和滋味，可谓失之东隅，收之桑榆。自古民生维艰，即使是制作失误的茶叶，茶农也不会舍得随意抛弃。当人们在饮用黄叶黄汤的黄变茶时，发现它不像绿茶那样鲜爽刺激、收敛感强，滋味却是更加的厚甜醇和，便慢慢接受了这种风味。其后，在茶叶的不断试制、复原过程中，通过有效地破坏茶中的叶绿素，使黄色显露出来，形成了干茶黄、汤色黄、叶底黄的"三黄"特征，并在长期的尝试、摸索、提高中，逐渐创新、完善了黄茶的制作技法。不惟是茶，民间很多美食的诞生，也是偶然条件下的"无心插柳柳成荫"。

　　从制作工艺上比较，黄茶比绿茶多了一道闷黄工艺。从化学变化的角度来看，黄茶却是介于绿茶和黑茶之间的一个过渡茶类。黄茶的闷黄，与在一定温度、湿度下的青杏、青皮香蕉的闷黄有异曲同工之妙。黄茶的闷黄，属于湿热条件下的热化学变

蒙顶黄牙的汤色黄、叶底黄

化，必须控制好闷黄的时间、温度和湿度，否则，引起的芽叶红变会使茶近于红茶类；若是黑变严重，会使茶近于黑茶类。

黄茶的加工工艺主要包括：杀青、揉捻、闷黄、干燥等环节。

黄茶的杀青区别于绿茶，即在茶青的杀青过程中，先高后低，多闷少抛。多闷，能够产生强烈的水蒸气，在湿热作用下破坏叶绿素，增加类胡萝卜素，使叶色转黄。而绿茶的杀青，则要保证叶绿素尽可能地少被破坏，故而多抛少闷。

闷黄，是决定黄茶品质的关键工序。黄茶的闷黄，根据鲜叶

杀青后含水率的不同，大致可分为干坯闷黄和湿坯闷黄两类。

　　干坯闷黄，是杀青、揉捻后的茶青经毛火初烘后，在含水率较低的条件下进行的堆积闷黄或纸包闷黄，如君山银针、蒙顶黄芽。湿坯闷黄，是茶青经杀青、揉捻后，利用茶坯中的水分直接的堆积闷黄。如温州黄芽、沩山毛尖。干坯闷黄与湿坯闷黄的区别，在于干坯闷黄变化较慢，耗时较长，需5～7天才能完成黄变过程。湿坯闷黄的效率较高，一般6～8小时即可。不同的闷黄工艺，由于含水率、湿热反应程度的不同，会造成香气的有所不同。干坯闷黄的香气多偏花香、清香；湿坯闷黄的香气多偏甜香。

　　黄茶的闷黄工艺，虽说是轻微发酵，但是，它既不同于红茶、乌龙茶、白茶的利用鲜叶内源酶（多酚氧化酶）的酶促氧化，也不同于黑茶类利用微生物种群外源酶的深刻发酵。黄茶的闷黄，是利用了杀青或揉捻后的余热。黑茶的渥堆，则是借用了微生物产生的化学热。黄茶闷黄的原理，是在高温、高湿的条件下，促进茶坯叶绿素的降解，通过多酚类化合物的非酶促氧化和茶内物质的水解作用，产生黄色物质，使干茶、汤色和叶底都呈现为黄色，滋味呈现出甘醇味厚的品质特征。

　　在黄茶闷黄的过程中，水热氧化作用，使部分呈苦涩滋味与收敛性较强的酯型儿茶素，氧化转变为收敛性弱、滋味浓醇的简单型儿茶素与爽口的茶黄素，滋味趋向浓醇平和。在湿热环境

茶树盛开的茗花

下，不溶于水的蛋白质和多糖类等，通过水解作用，生成部分可溶于水的氨基酸和可溶性糖，增加茶汤滋味的甘甜与醇和感。

茶青的含水量、叶温及闷黄时间的长短，是影响黄茶闷黄的重要因素。茶坯的含水量愈多，叶温愈高，则在湿热条件下的黄变速度愈快。为了控制茶青变黄的进程，通常会采取杀青或揉捻后的趁热闷黄，有时也需要通过烘、炒配合来提高叶温。如君山银针纸包闷黄的两烘，蒙顶黄芽的三炒等。

在黄茶的闷黄过程中，由于湿热环境的存在，一些微生物菌群，如酵母菌、根霉菌、黑霉菌等，也会伴随着茶青的闷黄过程而繁殖、滋生，产生类似黑茶渥堆的胞外酶的酶促氧化作用，进一步增加茶汤的耐泡度和醇滑度。但是，由于黄茶的闷黄时间与湿热反应的剧烈程度，远远无法与黑茶的渥堆过程相比较，况且，在黄茶的闷黄过程中，还需要不断地解包、散热、复炒等，高温下微生物的活性自然也会随之丧失。因此，类似黑茶渥堆的微生物作用，可能在黄茶的闷黄过程中，会微弱存在，但并非是主导因素。

黄茶的干燥，分为烘干和炒干两种。黄茶在干燥时，一般会遵循烘、炒温度的先低后高原则。即先低温烘、炒，本质上是减缓茶青中水分的蒸发速度，创造一定的湿热条件，使茶叶在湿热作用下，进一步的闷黄，完善与巩固黄茶的品质，使闷黄与干燥相得益彰。后期采用较高温度的烘、炒，固定已经形成的黄茶品质，同时在干热条件下，使高沸点的芳香物质显露出来，进一步增加黄茶纯熟的香气与甜醇的口感。

市场上我们常见的黄茶类，按照鲜叶的嫩度与芽叶大小，大致可分为黄芽茶、黄小茶、黄大茶三类。黄芽茶，是采摘单芽或一芽一叶的茶青加工而成的，等级较高。如湖南岳阳的君山银针，四川雅安的蒙顶黄芽等。黄小茶，为选用一芽二、三叶的较嫩茶青加工而成的。如湖南宁乡的沩山毛尖，浙江温州的平阳黄汤，湖北远安的远安鹿苑等。黄大茶，是采摘一芽三、四叶为主体的粗枝大叶的茶青加工而成的。如安徽的黄大茶，广东湛江的大叶青等。曾经流行于泰安、莱芜、淄博等地的老干烘茶叶，选用的就是主产于安徽霍山一带的黄大茶，进一步高温焙火而成的，以梗粗、叶大、高火香、焦糖味为其特征。

黑茶发酵，名副其实

世上本没有黑茶，只要风雨兼程的路途，足够的遥远与漫长，绿茶也就变成了黑茶。

　　唐宋时期，为了满足西部少数民族地区的喝茶需求，政府便在离西北边疆最近的四川、陕西设置茶马司，调拨四川地区的粗老茶叶与西部的少数民族地区换马，故用于茶马交易的茶，又叫边茶、马茶。

　　古时用篾篓包装运往藏区的粗茶，通常是自然晒干的，其含水率为12%左右。这些运往藏区的茶叶，在人背马驮的路上，难免会遭受雨淋日晒，期间，必然也会吸湿受潮。长时间的湿热作用，一定会造成茶叶的微生物发酵与叶绿素的降解。茶叶在运输过程中，不可避免发生的这种自然发酵，使得这些粗茶的苦涩滋味变得醇滑顺口了；茶叶的外观色泽，也由运输前的绿色变为了乌色。因此，那时的边销茶，便被习惯性地称为"乌茶"。四川乌茶的叫法，到了明代嘉靖三年（1524），在御史陈讲的奏书中，又被称之为黑茶。黑茶一词，从此开始大白于天下。由此可见，古人对茶叶的称谓，是比较随意的，大致是按照茶叶的外观颜色来命名的。其实，世上本没有黑茶，只要风雨兼程的路途，足够的遥远与漫长，绿茶也就变成了黑茶。

明朝早期的边茶，运销管理非常严苛。凡是换马的乌茶，必须由官收、官运、官卖，私人商贩不允许介入。按照大明律法，但凡发现私茶出境或关津要口失察者，一律凌迟处死。明太祖朱元璋的女婿欧阳伦，在出使新疆时，借机贩运私茶，被税吏告发后，也没有逃过被处死的命运。明朝中后期，国力衰弱，政令松弛，贱马贵茶的盘剥政策带来的高额利润，使得私茶贩运日益猖獗。当便宜的私茶大量走私入境，边民们肯定不乐意再按照

官方法定的茶马比价去换取茶叶，转而纷纷向商贩们购买私茶。
此时，四川、陕西所产的官茶，质次价高；而地处偏僻的湖南安
化，茶多，质优，价廉。巨大的利益诱惑，必然会驱动部分晋商
敢于铤而走险。他们从原四川的酉阳越境，在湖南安化率先仿制
四川乌茶，并翻山越岭把仿造的安化黑茶运入四川地区，然后冒
充川茶，销往中国的西北地区。

随着山西商人走私黑茶的愈演愈烈，黑茶的制作技术，便在
仿制四川乌茶的过程中应运而生。从这个意义上讲，湖南安化的
资江两岸，应该是中国最早进行主动探索和有意识创新茶类发酵
技术的地区。由此可以推断，黑茶制作技术的启蒙，来自于四川
乌茶；而黑茶发酵技术的主动研发，则肇始于湖南安化。

当安化黑茶的走私无法禁止之时，政府只能顺水推舟，不得
不向茶商妥协。万历二十五年（1597），在御史徐侨的建议下，
湖南黑茶被迫以"官茶"的面目，主销中国的西北地区；而四川
边茶就只能销往西藏地区了。所谓官茶，并不是特别了不起的好
茶，它是特指交完税收、政府允许贩运的茶，是相对"私茶"而
言的。

湖南安化生产的黑茶，由南向西北地区运输，泾阳是必经之
地。从安化用竹篾篓运来的茶叶，一般每包的重量在80公斤左
右。茶叶沿水路到达陕南丹凤县的龙驹寨后，需卸船上岸，再经
安康被运到气候干燥的泾阳。竹篾篓在卸船、搬运或骡马转运的

过程中，必定会出现因竹篾断裂而导致的茶包撒漏现象。为适应以骆驼、马匹为主的向西北数省旱路的长途运输，茶叶就必须在泾阳拆包并就地压砖。

由粗老的安化黑毛茶压成的茶砖，在向西北各省辗转运输的长途跋涉中，越向前走，气候就会越干燥，恰好具备了茯砖发花所必需的外干里湿的环境条件。自然接种于空气中的冠突散囊菌，便在黑砖内部呈金黄色的斑点状地繁殖、生长着，与时俱进地进行着黑毛茶的二次发酵，较大程度地改善了粗茶的品质和口感。这就是过去传说中的茶不到泾阳不发"金花"的根本原因。我们今天知道，茶叶不发"花"，是因该茶不够粗老或不具备发

存储八年的茯砖中的"金花"

"花"的条件。这种在紧压茶中常见到的黄色颗粒状菌体，我们习惯上称之为"金花"。

"金花"益生菌，是一种能够抑制杂菌产生的极强的优势菌种，它在黑茶中的出现，只能证明茶叶在湿热条件下发生了更为深刻的发酵，证明了茶叶尚未发霉，也无有害菌类的产生。"金花"的生成与否，与优秀黑茶的品质并无多少关联。我们每年在安化特别定制的、产于高马二溪无人区的高等级千两茶，就需要千方百计地避免"金花"的自然产生。

对于茯砖发"花"产生的所谓的菌花香，有人认为它近似于山野里的蘑菇香，也有人认为它是一种木香与雨后泥土香气的混合香。不同人群对香气的感知能力会存在着一定的差异，是很正常的。这种差异的产生，不仅与个体的基因差别有关，也与每一个人的心理状态、生活记忆、人生阅历、文化背景等因素相关。对于高等级黑茶，因"金花"的生成而与之俱来的这种所谓的菌花香，从饮茶审美上审视，它会在一定程度上降低高等级黑茶的香气与清纯品质，不见得会是加分项。"金花"也并非是湖南黑茶、泾阳茯砖中所特有的，粗老的茶叶，只要具备了外冷内热、外干里湿的发花条件，六堡茶中也会常常见到"金花"的。

"金花"不溶于茶汤。在饮茶的过程中，是否吃下"金花"并无必要。它在茶中存在的保健价值，主要体现在因"金花"生长分泌出的胞外酶类，在进一步降解、转化了茶叶内含物质的同时，又产生了新的有益于人体的代谢产物。

　　清代雍正年间，普洱茶晋升为贡茶。清代的普洱贡茶，属于头春里采摘得非常细嫩的蒸青绿茶，又称毛尖，芽蕊极细而白。每年，普洱府完成贡茶的征收任务之后，剩余的粗茶，才会允许在民间贩卖交易。这些允许在民间贩卖的粗茶，又叫"改造茶"，它是由云南私人茶庄经洒水渥堆发酵后，以粗茶为心、细茶撒面的紧压茶。这类经过洒水渥堆发酵、汤色红浓的且由各商号在20世纪50年代之前生产的紧压茶，就是我们常常提到的古董普洱茶中的"号级茶"，如同庆号、江城号、宋聘号等。这些由私人商号出品、以圆茶为主的普洱茶，主要销往越南、泰国、缅甸、马来西亚、新加坡及港澳地区，同时也为汤色红浓的普洱茶的发酵技术留下了一些在未来可以燎原的"火种"。

　　新中国成立后，我国对私营工商业进行了社会主义改造，私人作坊彻底消失，云南普洱茶的生产，由此进入了国有企业时代。或许是因私人作坊"号级茶"的停产断供所致，香港地区的很多茶楼，此后开始自行渥堆发酵制作的普洱茶的红汤茶，又称"发水茶"。

　　明末清初的海禁政策，让以海为生的闽、粤沿海居民难以维生，而被英国与荷兰统治下的南洋，又急需大量的底层廉价劳动力，于是，下南洋就成了数百万计沿海居民寻找活路的无奈选择。19世纪以后，随着印度茶与锡兰茶的崛起，中国茶的出口开始滞销，在欧美市场上几无立足之地。好在有中国人的地方，就有茶的消费。当欧美市场的茶叶出口之路被彻底堵死之后，广东茶商便利用自己的地理、语言和人脉优势，被迫把茶叶销售的重心转向了华人移民比较集中的南洋地区。

在太平天国战争期间，广东茶商为了获得价格低廉的红茶，既然能够把红茶的制作技术由湖北通山带到湖南安化，自然也会把黑茶的发酵技术传到邻省且水路运销成本最低的广西梧州。根据可靠的文献记载，民国三十八年（1949），在广西梧州就有外观黑色、汤色橙黄的发酵茶存在了。

20世纪50年代，随着越南、泰国、马来西亚以及香港等地对"发水红汤茶"的需求增加，1957年，负责港澳及东南亚茶叶出口的广东茶叶进出口公司，参照香港茶商提供的具有陈香味、汤色红浓的普洱茶样品，在公司下属的大冲口简易仓库，洒水渥堆发酵普洱熟茶获得成功。1958年前后，梧州茶厂学习借鉴广东普洱茶的发酵技术，也开始毛茶加水发酵渥堆六堡茶，成品茶被调拨到广东茶叶进出口公司后受到好评。此后，六堡茶的汤色红浓，始与安化黑茶的汤色橙黄有了明显的区别。1973年，云南省才取得茶叶的自营出口权，当年，便派遣昆明茶厂的吴启英、勐海茶厂的邹炳良、曹振兴等，前往广东茶叶进出口公司管辖的河南茶厂，学习"发水红汤茶"的制作技术，始才助推了云南普洱熟茶、工厂化渥堆发酵技术的诞生，让百年前云南少数民族地区

安化千两茶压制前的蒸揉装篾

"改造茶"的洒水渥堆的微生物发酵技术又重新回到了云南。

截至今天，六堡茶的制作方法，仍然是多种多样的。但主流的制作方式，即是1958年以后，以国企梧州茶厂为代表的洒水渥堆发酵。民间做法多样性的产生原因，在于当时的农户力量比较薄弱，且又各自为政；茶青相对粗糙、廉价；粤商在六堡镇设庄收茶，并没有统一的标准导致的。因此，各家各户在做茶时，有的家庭采用铁锅杀青、揉捻、晾干；有的杀青、揉捻后，或因为量大或因为阴雨天等原因，来不及烘干，便堆闷于一隅，随之产生了黑茶的渥堆发酵现象；而有些实力较强、产量稍大的作坊，受粤商的指导或传授，基本掌握了湖南黑茶的渥堆技术，从杀青、揉捻、渥堆、复揉、烘干，制作技术相对完善和成熟；还有的家庭，采用原始的水煮杀青或锅蒸杀青方式，等等不一。归根到底，做茶是需要资本和讲究实力的。无论在什么年代，只有实力与资本强大的作坊，才会有能力掌握更为成熟、先进的技术，去渥堆发酵出品质更好的茶品。

我们常见的黑茶类，主要包括云南普洱茶，湖南的黑茶，陕西泾阳的茯茶，广西的六堡茶，四川的藏茶，湖北的青砖茶，祁门的安茶等。

黑茶类与其他茶类的根本区别，在于黑茶类存在着特有的渥堆发酵工艺。安化黑茶，在茶青揉捻结束后，直接利用自身的水分（65%左右）去渥堆发酵，发酵时间为24小时左右。而1958

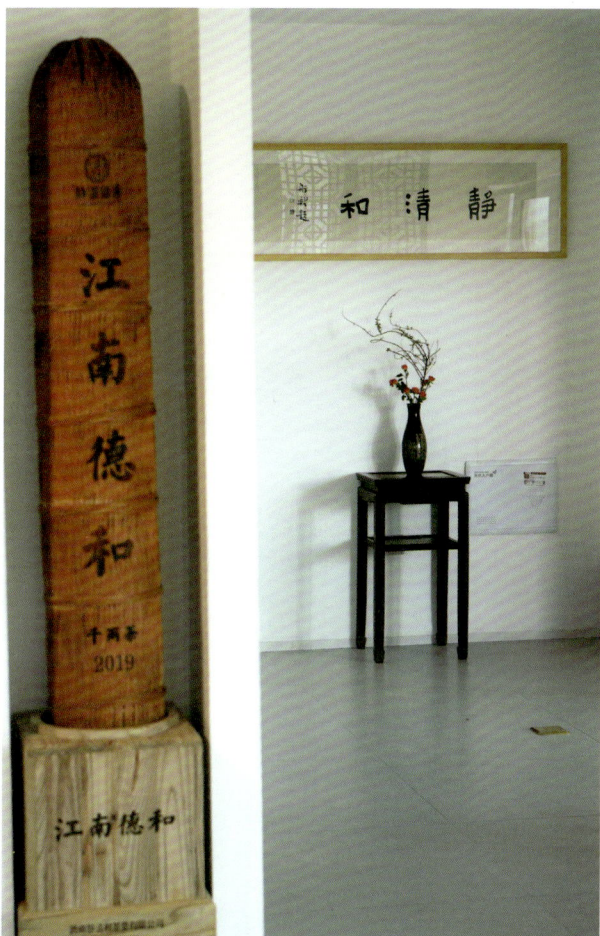

江南德和老号的千两茶

年以后的六堡茶、1973年以后的普洱熟茶、湖北青砖茶、四川藏茶中南路边茶的制作，均是在提前做好的毛茶基础上的洒水增湿渥堆，故发酵周期长，发酵程度重，汤色更加红艳。祁门安茶的制作，我在《茶路无尽》一书中做过系统考证，它在历史上是一款仿制六堡茶的黑茶类。而当下的安茶制作工艺，由于传承的断代，缺少必要的渥堆发酵环节，其工艺很接近早期的湖北青砖茶。清朝宣统年间的湖北青砖茶，实际上还是粗老炒青绿茶的紧压茶。最早绿茶压成砖茶的目的，是为了缩小体积、降低运费，减少损耗和便于长途运输。清初，晋商与武夷山的邹姓茶商合作，从下梅经万里茶道运往中俄边境恰克图的茶砖，就是典型的绿茶的紧压茶。

渥堆，即是把洒水淋湿的茶叶堆起之意。黑茶渥堆的实质，就是通过微生物与湿热作用，使茶的内含物质发生极为深刻的变化，降低茶叶的苦涩滋味、粗青气味及对人体的刺激性，形成黑茶特有的顺滑醇和的品质风味与低沉的特殊香气。

黑茶的渥堆，属于真正的发酵。淋湿堆积后的茶叶，微生物会巨量、快速地繁殖。巨量微生物的呼吸作用，又会推动堆温的升高。渥堆期间的湿热作用，会使苦涩味较重的复杂儿茶素降解为简单儿茶素和没食子酸。简单儿茶素又会借助微生物的酶促氧化和非酶促自动氧化，生成了决定茶汤色泽深浅与亮度的水溶性茶黄素、茶红素和茶褐素等。茶中的微生物，为了满足自身对碳、氮的需求，就要分泌胞外酶，去分解、转化、降解茶叶中的纤维素、果胶、萜烯类以及蛋白质等。微生物代谢活动的增加，又进一步加剧了堆温的升高，这一点区别于红茶的"发酵"。红茶的所谓"发酵"，其实是利用空气中的氧气和自身的多酚氧化酶，对茶叶中的多酚类物质进行酶促氧化。期间，多酚类化合物氧化的放热，其剧烈程度远远低于黑茶发酵的堆温。黑茶的发酵，需要较高的堆温，一般会控制在45℃～60℃；而高品质红茶的酶促氧化，需要尽可能地降低发酵温度，最好控制在30℃以下，才会有利于高品质红茶香气和滋味的形成。

无论是哪一类渥堆发酵的黑茶，新茶阶段的毛茶及新压制的茶饼和茶砖等，前几水冲泡出的茶汤，均可能会存在轻微的浑浊现象，这是正常的。因为在新茶中，仍存在部分可降解的大分子物质和即将转变为可溶性糖的细小纤维等，这种必要的、正常的茶汤浑浊，是黑茶类需经两三年的自然仓储陈化后，汤感变得更稠厚甜醇的物质基础，也是一款传统的黑茶类能在未来脱颖而出的必由之路。

普洱生茶，晒青绿茶

一款保存良好、健康可饮的普洱茶，一定是气息干净，香气纯粹、汤色澄澈，不允许带有任何的霉味、异味和杂味的。

　　普洱茶的生茶，究竟属不属于真正的黑茶类？要回答这个问题，我们只需反问一下，白茶在压饼后，到底还是不是白茶类？答案自然就水落石出了。白茶经过压饼后，仍然属于白茶类的紧压茶，其适用标准，为官方发布的"GB/T 31751-2015《紧压白茶》国家标准"。那么，按照这个逻辑，云南晒青毛茶压成的茶饼，自然也应该属于绿茶类，是云南大叶种晒青毛茶的紧压茶。因为刚刚经过蒸压而成的茶饼，并没有后发酵工艺的存在。若把尚未发酵的普洱生茶强行归为黑茶类，也不符合国家的现行标准。对于这类问题，我国的茶学大家陈椽教授，早在《茶叶分类的理论与实际》（1979）一文中已经讲得非常清楚："哪一类毛茶再加工，就属于哪一类。云南沱茶、饼茶和小圆饼茶是属晒青绿茶加工的，不经过堆积和发花过程，色香味变化不大，制法和品质靠近绿茶，应归入绿茶类。"

　　普洱茶生茶的提法，是近几十年才造出的新名词。它是相对

于1973年以后，云南洒水渥堆发酵的普洱茶熟茶而言的。有了普洱熟茶名字的存在，习惯上也就制造出了相对应的普洱生茶的称谓。过去的紧压普洱生茶，在国有企业时代又叫青饼、青砖、青坨，如88青饼。青饼，是晒青毛茶的紧压茶。云南的晒青毛茶，又叫滇青。过去调拨到广东茶叶进出口公司加工普洱茶的原料，并不限于滇青，还有粤青、桂青、川青、黔青等。

站在中国茶叶发展的历史角度来看，我们实在没有必要把茶叶的晒青工艺神秘化、玄学化。利用阳光把茶叶（食物）晒干，是中国最古老、最原始的茶叶（食物）干燥方式。在贫穷的过去或在边远山区，原料粗老或价格低廉的茶叶，如不逢阴雨天气，茶农是不可能耗费比茶价更高、更宝贵的木炭去烘干茶叶的，通常是利用晴天的日光把茶叶晒干的，包括很多地区的红茶也是如此。即使是在20世纪50年代，晒青绿茶仍然遍布云南、贵州、四川、广东、广西、湖南、湖北、陕西、河南等省。由于晒青毛茶的品质不如炒青和烘青，随着人们生活水平和品茶要求的提高，从20世纪70年代开始，除云南、四川、陕西地区外，其他省份的晒青绿茶就渐渐销声匿迹了。

云南之所以晒青绿茶比较普及，首先，本地人长期以来形成的饮茶习惯，适应了大叶种晒青茶的醇和滋味；其次，茶季气候干燥、光照充足，通过晒青，就能使毛茶的含水率控制在10%左右，又可节约一大笔的能源支出；第三，大叶种茶的茶氨酸含量

偏低，且鲜叶采摘得较炒青绿茶或烘青绿茶粗老，光照对茶叶鲜爽滋味的影响，可基本忽略不计；第四，晒青毛茶，一般是作为其他黑茶类的原料使用的，由于没有经过高温炒干或烘干，没有发生剧烈的美拉德反应，故保留了茶青本身更多的内含物质与香气物质，利于茶叶后期的加工和转化。

云南的大叶种茶青，相对于江南地区的中、小叶种，其茶多酚与咖啡碱的含量较高，茶氨酸的含量较低，故茶汤的滋味偏苦涩。如果从品饮的健康和愉悦感来看，茶多酚含量低、茶氨酸含量高、滋味偏清甜的中小叶种绿茶似乎更占优势。因此，倚邦的

云南茶山游学，与同学们一起，在勐宋古茶山体验炒茶

中小叶种古树茶，滋味偏甘甜的老班章、冰岛和易武地区的大叶种古树茶，才会从苦茶堆里脱颖而出，才会受到市场疯狂的追捧和热炒。采用大叶种茶青制作的晒青绿茶，与制作炒青绿茶和烘青绿茶相比，其制作成本明显降低很多，且水浸出物含量偏低，茶多酚含量有所降低，黄酮含量增加，香气物质消耗较少，故其汤色杏黄明亮，滋味较为醇和。通过晒青方式，能使大叶种茶的苦涩滋味有效降低，使原有的香气物质保留更多，这才是选择晒青绿茶作为制作普洱茶原料的根本原因。

大叶种晒青毛茶的品质，主要取决于揉捻工艺之前的杀青是否能够杀透杀匀。茶青只有高温杀透杀匀，才能迅速钝化多酚氧化酶的活性，消除茶青的青臭气和苦涩滋味。如果不能快速有效地钝化多酚氧化酶的活性，在揉捻叶晒青的过程中，茶梗与芽叶就会发生红变。我们所品到的晒青毛茶或普洱生茶中，很少见到红变的芽叶，这也从另一侧面反证了普洱茶的杀青必然是高温杀青。在其杀青过程中，必须保证茶青的叶面温度达到80℃以上，且要持续一段时间。

既然多酚氧化酶在毛茶的制作过程中已基本在高温杀青时变性失活，因此，普洱生茶后期的转化或自然氧化，与原茶青中的多酚氧化酶是没有多大关系的。即使多酚氧化酶偶有幸存，在含水率低于7%的紧压茶中，酶的活性也会受到抑制，基本不起任何作用。

在普洱生茶的保存与我们期待的转化过程中，一定要注意，当茶叶的含水率高于8.5％时，茶叶可能会发生霉变，并产生霉味。常温储存的普洱生茶，缺乏高温（45℃～65℃）的制约，当茶叶中的含水率高于12％时，在存储的茶叶上可能会滋生出有害杂菌或长出白毛，并使茶叶快速变质。一款保存良好、健康可饮的普洱茶，一定是气息干净、香气纯粹、汤色澄澈，不允许带有任何的霉味、异味和杂味的。

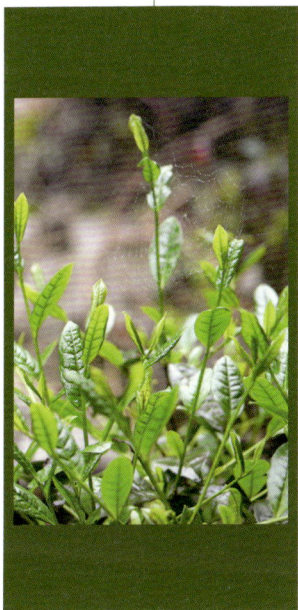

红茶源头，缘起桐木

红茶技术的总源头，是在福建武夷山的桐木关。正山小种红茶，是中国红茶的鼻祖。

　　明朝万历年间，武夷山桐木关正在生产绿茶的某个春季，恰好有军队经过，制茶的青壮年人害怕被抓壮丁，便四散躲藏、逃离。等军队过后再返家的时候，发现未及时杀青、揉捻、烘干的茶青已经发生了氧化红变。在还没有其他茶类成为消费主流的绿茶时代，茶青的红变，在古人的认知中，就意味着变质、腐败。持这种观点的人，不止有平民百姓，就连生于嘉庆年间的清代名医王孟英都误以为发生了红变的茶，便失去了绿茶的清涤之性，饮后容易造成胸闷、气短、眩晕等症状。在崇山峻岭的桐木关内，自古缺少可供耕种粮食的农田，生活在偏僻关内的人，至今以茶为生。过惯了穷日子的茶农，面对貌似变质了的红变茶青是不会轻易扔掉的，他们必然会用最廉价的松柴，把茶叶烘干，想方设法把外观泛黑、并带有松烟味道的茶叶卖到更远、更陌生的地方去，以换取一年生活所必须的粮食和盐巴。

　　据史料记载，明朝万历三十五年（1607），荷兰的东印度公司，从澳门采购到了带有松烟味道的"绿茶"，然后经印度尼西亚把该茶销往欧洲。或许那时销往边疆地区或更远处的绿茶，都会因运输过程中的风吹雨淋而颜色发乌，欧洲人大概也会因该茶滋味的清甜，顺利接受了这批松烟"绿茶"，即我们今天的松烟正山小种红茶。

正山小种红茶与牛奶的调饮，真正是世间的绝配和美味。牛奶中的蛋白质，一方面，可以络合茶汤中的多酚类物质，有效减少茶汤的涩味，减轻茶汤对胃肠的刺激；另一方面，蛋白质摄入的增加，也能给饮茶人带来更多的营养，这对于抗营养因子含量较高的茶类饮品，的确是最好的帮手。

清朝康熙元年（1662），葡萄牙公主凯瑟琳嫁到英国，把中

云蒸雾润的桐木关

国的正山小种红茶及饮茶习惯引入英国皇室，其后权贵们纷纷效仿，自此，正山小种红茶开始风靡英伦三岛。

当正山小种红茶因出口而得到欧洲青睐的时候，雍正年间，福建桐木关临近的江西和本省的邵武地区，就开始纷纷仿制正山小种红茶，私下销售到武夷山的星村镇，冒充正山小种红茶出口，因其干茶色黑而汤红，故又名"江西乌"。

17世纪60年代，英国东印度公司正式涉足茶叶贸易。康熙五十年（1711），英国东印度公司在中国广东设立了贸易点，使用白银换取中国的茶叶。乾隆二十二年（1757），清政府借口海防安全，勒令欧洲商船不得进入浙江沿海地区，广州海关开始变得一关独大。广州十三行行商，成为唯一能合法进行茶叶、生丝、绸缎等出口的垄断性外贸组织。到1800年，英国进口茶叶多达2000万磅，一举成为当时最大的茶叶进口国。

在彼时的中英贸易中，英国人对茶叶的强劲消费与疯狂收购，使得中英两国的贸易逆差不断增大，大量的白银流入中国，贸易的不平衡持续久了，必然会带来剧烈的冲突。18世纪末，拉丁美洲独立战争爆发，严重影响到白银矿产的开采。当英国也开始短缺白银的时候，垄断了印度鸦片贸易的东印度公司，必然会把输入鸦片作为解决中英贸易逆差的首选。

1783年前后，英国把印度生产的鸦片输入到中国，以扭转长期以来存在的贸易逆差。当鸦片给旧中国人民造成政治、经济、

桐木关正山小种的汤色

社会、精神、肉体等严重损害之时，1838年12月，道光皇帝任命林则徐为钦差大臣，前往广东禁烟，鸦片战争爆发。1842年，清政府被迫签订丧权辱国的《中英南京条约》，其中开放广州、福州、厦门、宁波、上海五处港口。五口通商以后，客观上刺激了整个中国茶业的兴旺繁荣。此后，中国茶叶的出口数额连年呈跳跃式增长。

五口通商以后，尤其是福州口岸的开放，使得福建红茶不再历尽千辛万苦被长途运往广州，直接顺流闽江从最近的福州出口。尤其是在太平天国战争阻断长江茶运航线以后，晋商购茶不得不转向湖南、湖北地区，武夷山的下梅茶市迅速衰弱，赤石茶市开始兴盛。

清代道光年间（1821~1850），正山小种红茶的制作技术，由江西铅山的河口镇传到修水地区，江西宁红诞生。宁红的发展，兴盛于光绪二十年（1894）前后。宁红的发源地修水县，是著名文人黄庭坚的老家，宋代就以蒸青的双井散茶闻名海内。北宋元祐二年（1087），黄庭坚把家乡的双井茶赠送给苏轼，并附诗《双井茶送子瞻》。

1853年，太平天国战争波及到闽北的建宁府、邵武府时，当地茶商便纷纷把茶厂迁往更偏远的闽东地区，以小白茶为原料的福鼎白琳工夫茶、福安坦洋工夫红茶，因外观匀整、白毫显露而声名鹊起。

咸丰四年（1854），因太平天国战争阻断了长沙与江汉水路，粤商无法再去鄂东的通山地区收购红茶，便借道湖南湘潭，来到人工与茶青更加低廉的安化地区，设立广庄，仿制正山小种红茶，湖红由此诞生。新诞生的湖红，仿照武夷式样，每箱约为70斤，其外形和滋味，非常接近松烟正山小种红茶，通过广州、上海口岸出口欧美。

1876年，中英签订了《中英烟台条约》，宜昌通商开埠，内陆国门洞开。大约在同治至光绪二年（1876），由广东茶商引进宁红工夫茶的生产技术，并带着大批的江西制茶技工，在湖南石门县泥沙镇创制了宜红。后传播到宜昌五峰、鹤峰一带后，又接受了祁门工夫红茶的改造。宜红主要经长江运到汉口，尔后销往俄国以及欧美等国家。

清朝同治十三年（1874），江西义宁州的赵姓茶商，最早来到原松溪的遂应场（今锦屏村，民国后划归政和县）建厂，借鉴自己老家的宁红技术制作红茶，称之为"遂应场仙岩工夫"。当时的茶青，选用的是原松溪所产的小白茶（菜茶）。清光绪五年（1879），政和大白茶品种选育成功。选用政和大白茶青生产出的红茶，即是今天的政和工夫红茶。用大叶种茶青制作的政和工夫红茶，芽头硕大，咖啡碱和茶多酚含量较高，滋味浓于中小叶种，散发着颇具特色的紫罗兰香气。政和工夫红茶经福州出口，以其优良的品质享誉海外，畅销俄国以及欧美、中东地区。

　　祁门红茶，最早叫作祁山乌龙。1920年以后，祁门红茶的名字才得以广泛流布。清代光绪元年（1875）前后，在安徽祁门士绅胡元龙和从崇安县（今武夷山市）辞官归来的余干臣的共同努力下，在宁红茶师舒基立的指导下，借鉴江西宁红的制作技术，祁门红茶始才诞生。试制成功的首批祁红先是通过水路销往汉口，尔后销往上海，自此祁红的销路大开，畅销海外。随着市场的不断壮大，祁红的制作技法也随之扩散到整个祁门茶区。

　　胡元龙作为祁门红茶重要的创始人之一，他最早确实考察过祁门周边浮梁、至德红茶的制作之法。胡元龙在自己的茶园里主动试制红茶的真正动力，大概源于彼时祁门绿茶滞销、出口红茶

云南大叶种茶树的茗花

价格高于绿茶的窘况所逼。而在清代同治年间（1862～1874），江西的浮梁、至德地区的茶户，已经在粤商的指导下，由绿改红，获利甚丰。

滇红的发展历史较短。1937年，卢沟桥事变以后，日寇大举侵华，战火蔓延到祁红、闽红等茶区。当时的国民政府为了出口创汇，委派冯绍裘、范和钧等人，分赴云南的顺宁（凤庆）、佛海（勐海）等茶区考察，研究如何利用云南大叶种鲜叶改制红茶的可行性。1939年，冯绍裘筹建的顺宁实验茶厂（凤庆茶厂前身），采取边建厂边投产的方式，当年生产工夫红茶16.7吨，最初定名为"云红"。1940年的云茶公司，采纳香港富华公司的建议，将"云红"之名改为"滇红"，销往英国。同年9月，佛海实验茶厂（勐海茶厂前身）成立，也试制出了品质较好的滇红。1941年，佛海实验茶厂将新生产出的183箱云南红茶运经缅甸仰光销往香港。

综上所述，是外销的欧美和俄国的巨大市场，推动了中国红茶技术在各地的不停模仿、改良和传播。归根到底，红茶技术的总源头是在福建武夷山的桐木关。正山小种红茶，是中国红茶的鼻祖。期间，一度牢牢控制着中国红茶外销贸易的广东茶商，在红茶技术向各地的广泛传播中，起到了穿针引线的重要作用。

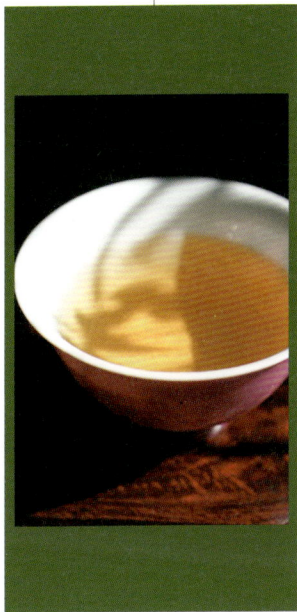

红茶发酵，实为氧化

红茶茶汤中茶黄素含量的高低，是衡量红茶品质是否优良的重要标志。

　　红茶的制作工艺，主要包括萎凋、揉捻、发酵、干燥等环节。

　　我们喜欢喝红茶，欲罢不能的是高等级红茶的清甜爽口、花香蜜韵。怎样才能制作出高等级的红茶呢？这就对茶树的生态、茶青的发酵等工序提出了更高的要求。

　　红茶的所谓"发酵"，与乌龙茶的摇青一样，都是利用茶树鲜叶组织细胞的损伤，引起茶中多酚类物质发生的酶促氧化。氧化过程中的多酚氧化酶，是鲜叶自身具备的。茶青所含的儿茶素，是在多酚氧化酶的促进下，被空气中的氧气氧化的。这种在制茶的特定语境中约定俗成的所谓"发酵"，只是为了表述工艺的方便。它与黑茶利用微生物作为介质的真正发酵，是两个截然不同的概念。茶叶的真正发酵，类似我们家庭自做的酸奶、酒厂的酿酒等，本质上是一个利用微生物去深刻改变茶叶内质的生物氧化过程。依靠揉捻和渥堆过程中沾染的微生物，大量繁殖、分泌的各种酶作为动力，去氧化、水解、降解茶中的内含物质，并发生一系列复杂的化学变化，形成黑茶特有的风味。

红茶要发酵到位，揉捻必须充分。多酚氧化酶主要存在于叶绿体、线粒体等质体中，茶多酚主要存在于茶叶细胞的液泡里。正常生长状态下，叶片里的茶多酚根本接触不到空气里的氧气，故生长在茶树枝头的芽叶，始终是保持绿色的，不可能发生氧化红变。制作红茶的茶青，经揉捻后，茶叶细胞的破碎率通常在80%以上。叶片中的茶叶细胞破碎后，就会和空气中的氧气及平时无法见面的多酚氧化酶相遇了。多酚氧化酶就是红茶发酵的主要"酵素"，在多酚氧化酶等酶类的催化下，苦涩的茶多酚，就

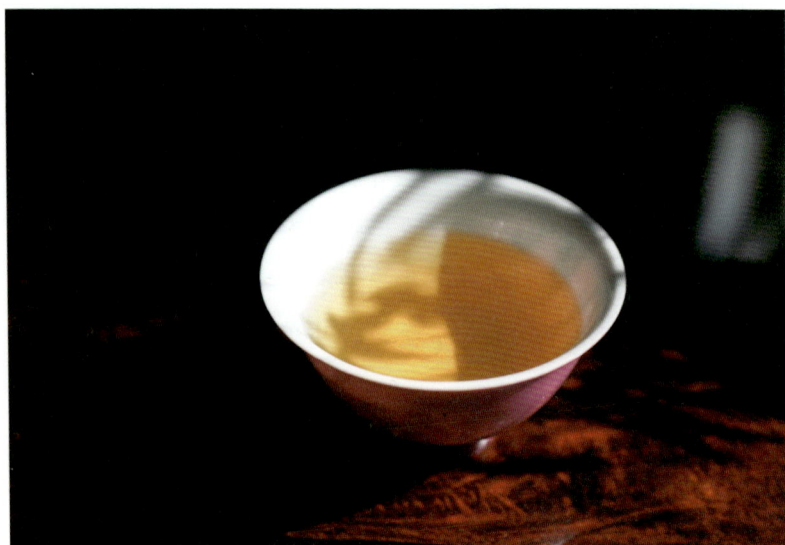

茶黄素含量高的正山小种红茶的茶汤

会通过氧化、聚合等产生构成红茶汤色的茶黄素、茶红素、茶褐素等水溶性色素及香气物质。叶绿素降解，使叶色由绿转红。氨基酸、糖类等内含物质，通过氧化、水解，形成了红茶馥郁甜醇的滋味和香气。在红茶的发酵过程中，应该尽可能地控制发酵温度低于35℃，抑制暗褐色的茶褐素的合成，否则，茶汤会偏红褐色，香气低且滋味寡淡。

红茶茶汤中茶黄素含量的高低，是衡量红茶品质是否优良的重要标志。茶黄素，对于红茶的色、香、味及其品质起着决定性的作用，是构成红茶滋味强度与鲜度的重要成分，也是红茶汤色"亮"的主要成分。在茶叶审评中，我们常说的红茶的红汤"金圈"，其"金圈"的主体构成成分就是茶黄素。

要想在红茶的制作过程中得到更多的茶黄素，就要尽可能地降低发酵温度。有研究表明：红茶的发酵温度在22℃时，茶黄素的积累最高，并且在低温发酵时，茶叶中最为珍贵的蛋白质，不容易被茶多酚络合为难溶于水的复合物，这一点，对于高海拔的生态良好的茶青尤为重要，否则，茶汤的细腻度就会受到严重影响。

红茶的发酵，其实从茶青的揉捻阶段就已开始启动。较低的揉捻温度，有利于红茶甜花香的形成。揉捻温度若是过高，茶汤滋味容易酸化；假如揉捻太轻，则会造成发酵不足，青涩气显，苦涩味重。若是揉捻过度，又会造成滋味苦涩，汤色浑浊，茶不耐泡等。

发酵和干燥，是红茶品质形成的关键工序。不同的烘干温度，均会对红茶的滋味和香气造成不同程度的影响。假若烘干温度过高，则会降低红茶中对品质影响较大的茶黄素、氨基酸、可溶性糖的含量。这也是高等级红茶不宜带有焦糖香或高火香、汤色不宜太红的道理所在。

纵观中国的红茶，桐木关所产的正山小种，为什么会成为行业中的翘楚？首先，是因为桐木关山清水秀，得天独厚，森林覆盖率高达96.3%；茶树以野放小叶种为主；产茶区的平均海拔在1000米左右，生态绝佳，昼夜温差大；茶多酚含量较低，氨基酸、糖类的含量较高；有独特的山野韵味和高山香气。其次，桐木关的茶树只采春茶；春茶季多雨，空气湿度始终保持在90%以上，且平均气温比武夷山低5℃左右，恰恰处在红茶最佳的发酵温度和湿度区间。有研究表明，萎凋叶的含水量保持在60%～62%，空气湿度达到95%左右，发酵的红茶品质最佳。每年跟随我进入桐木关游学的同学们，都曾见过我们定制的私房茶，包括红袖添香、丛味如斯、云窝老丛、自甘心等茶的发酵过程，皆是在温永胜先生所住楼房前面的溪水边完成的，这条溪流也是武夷山九曲溪的源头之一。构建恰当的低温与足够高的湿度条件，合理控制发酵时间，才能做出一款令自己真正满意的正山小种红茶。天工造物尤神奇。桐木关的天时地利，是其他任何茶区都无法比拟的。

我经常对同学们讲起：1979年，桐木关被划为国家自然保护区。此后，关内的马尾松就被禁止砍伐了。而制作纯正、传统的松烟正山小种红茶，就必须燃烧新鲜的松木作为介质和热源。传统正山小种红茶，独有的汤色金黄油亮、松脂香、桂圆甜、薄荷凉，就是发酵后的茶青，在古老的青楼里，与燃烧升腾的松烟相遇、熏染造就的。2013年，桐木关又升格为国家公园的核心保护区，管理相对过去更加严格，制作传统松烟正山小种所必须的桐木关外及其周边省份供应的马尾松，因可能会携带线虫而被禁止入关。等各茶厂库存的松木耗尽，未来传统松烟小种的制作，要么停产，要么迁出桐木关外，重新建厂生产，没有第三种选择。假如在海拔高度200多米的武夷山周边建厂，便失去了桐木关高海拔所特有的高湿度与低温度，在如此的地理环境条件下发酵、干燥、生产出来的传统正山小种红茶，即使仍坚持选用桐木关的原生茶青，仍保持原生茶青的品质不变，其汤色可能会偏红色，茶汤的甜爽度与花蜜香也会减弱。此"正山小种红茶"，已非彼正山小种红茶了。失去了地利的"正山"二字，其茶汤一定会变味的。

桐木关的高品质红茶，汤色金黄油亮，如色拉油。若是茶汤变红变深，意味着茶黄素减少，茶红素或茶褐素增加，其滋味会偏寡淡，缺乏花蜜香。因此，大家耳熟能详的"红汤、金圈、冷

后浑"，并不一定是高品质头采春茶的标志。因为中国过去生产的红茶，绝大多数是用来出口的。制作红茶的原料，一般是在春天的绿茶季结束之后，选用春尾或夏秋茶青制作的，故茶红素与咖啡碱的含量较春茶偏高。茶红素若是含量太高，必然有损于红茶的品质。当茶红素的含量接近茶黄素含量4倍的时候，二者与咖啡碱络合，会产生"冷后浑"现象。"冷后浑"的浑浊程度，与茶汤的温度、浓度都不无关系。由此可见，"红汤、金圈、冷后浑"，是夏秋季所产的高品质红茶的标志。以茶黄素为主体的桐木关春季红茶，如果茶汤出现"冷后浑"现象，基本可以断定，要么此茶非桐木关所产或茶青是外山的，要么此茶存在发酵过度

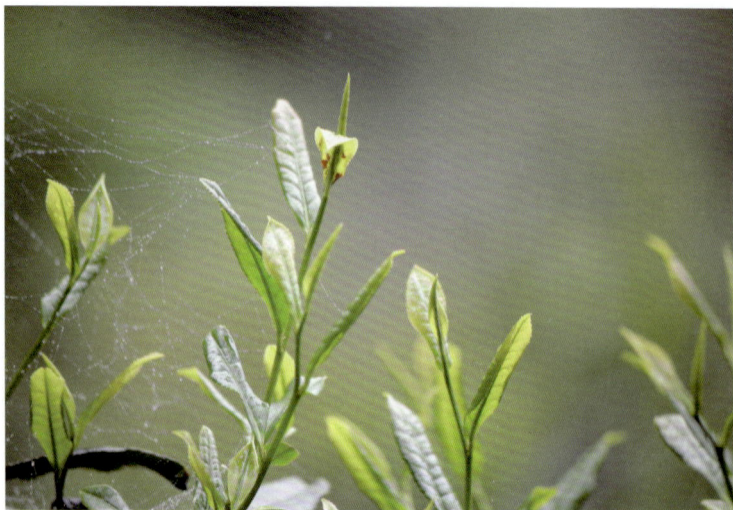

或制作工艺存在严重问题。

不同地区、不同时期制作的红茶，其香气，会因品种、发酵、干燥、季节等因素而各不相同。

桐木关的正山小种红茶，因高海拔、糖类和氨基酸等积累较多、发酵温度低，而呈现典型的花蜜香、花果香，清凉感和山野气息明显。

江西的宁红，金毫显露，偏甜香或瓜果香气。

早期的祁门红茶，是用高海拔的槠叶群体种茶青制作的，有着近似玫瑰花的甜香、蜜香。以历口古溪、闪里、平里一带所产为最优。祁门红茶与印度的大吉岭红茶、斯里兰卡的锡兰高地红茶，并列为世界三大高香红茶。上品的大吉岭红茶，带有葡萄的果香，有茶中香槟之称。锡兰红茶以乌瓦所产品质最佳，有着薄荷、铃兰的香气，花香高锐。尽管二者香高且特色独具，但是，其茶种都属中国茶的杂交后代。从1848年秋天到1851年，英国茶叶大盗罗伯特·福琼，不仅从武夷山、安徽等地区盗窃了大量茶苗、茶籽和制茶工具，而且还从武夷山骗走了数名制茶师傅，他们从上海启程前往印度。当英国人借鉴桐木关的红茶制作技术在印度获得成功以后，英国人便率先开启了机器制茶的现代工业之路，到19世纪80年代，英国的茶叶市场基本摆脱了对中国茶叶的依赖，由此也改变了中国在世界经济和贸易史的地位。

祁门红茶发展到今天，曾以高香茶享誉海外的"祁门香""群芳最"，为什么突然不香了呢？个人认为原因有三：第一，部分早熟品种如龙井43号、福鼎大白、红旗1号等，替代了过去的土茶槠叶种。第二，传统祁门红茶中最为关键的工序，如拼配，有失传之虞，玫瑰花香兼有苹果香或蜜糖香的复合香，便很难遇到了。第三，部分茶企生产的祁红，发酵明显不足，有青味，苦涩感重；也有的茶企，干茶烘焙温度过高过久，香气呈明显的焦糖味。

　　滇红最早是用高海拔、高纬度的凤庆大叶种制作的，焙火较足，有着高扬的兰花甜香，滋味浓爽，收敛性强。不同季节的滇红，其外观差别较大。春茶的芽，层层包裹，身骨紧实，比重大，冲泡时沉水速度快，芽头肥硕，色泽乌润，黑黄相间，显毫淡黄。而夏、秋茶的芽头空心，满披金毫，身骨较轻，不易沉水，茶汤中呈现明显的毫混。与滋味醇厚、花香馥郁的春茶相比，滇红的夏秋茶，虽然外观显毫漂亮，但其茶汤滋味寡淡、耐泡度差。赏茶、鉴茶、品茶，不可不明察秋毫。

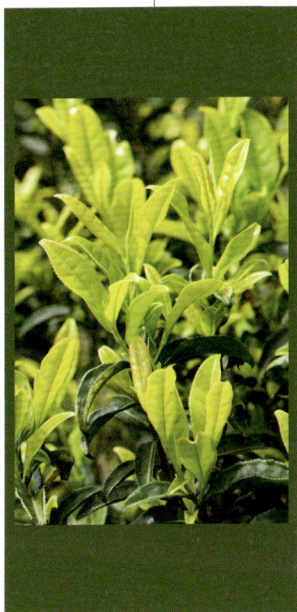

寻韵乌龙，根在武夷

过去很多人的茶启蒙或爱上喝茶，包括我自己，大概都是从一杯清香型铁观音开始的。

　　唐代的贡茶产区，主要集中在江南地区。最著名的，莫过于浙江长兴县顾渚山的野生紫笋茶。地球上的气候，每隔五百年，基本会有一个冷与暖的循环周期。到了宋代，恰逢地球进入到了一段极寒的时期，长兴、宜兴的春茶，因气候寒冷发芽推迟。当江浙地区的贡茶无法保证在清明前运到汴京，影响到皇帝的清明郊祭与赐茶王室重臣等重大活动时，贡茶生产的重心，自然就会转移到福建武夷山临近的更温暖的建州（今建瓯）地区。"建安三千里，京师三月尝新茶。"北宋欧阳修的这句诗，可以证实建州的春茶采摘之早。

　　我们知道，武夷山及周边茶区，位于中亚热带地区，茶树多为中、大叶种，其咖啡碱和茶多酚的含量，高于江南地区的中、小叶种，茶氨酸含量偏低，滋味也较苦涩，因此，宋代的蒸青绿茶在制作时，比唐代的贡茶加工增加了一道榨汁工艺，以降低茶汤的浓度与苦涩滋味。这也是宋代贡茶尚"白"的根本原因。鲜

武夷山的白鸡冠茶树

叶中的叶绿素含量低，故茶色偏白。茶色白，会降低茶树的光合作用效率，意味着鲜叶中茶多酚和咖啡碱的含量较低，氨基酸会成倍增加，茶汤的滋味鲜甜淡雅。叶色偏白的茶树，多受遗传因素和低温（气温值在20℃以内）影响。低温抑制了茶树叶绿素的合成，会导致谷氨酸的含量升高，从而促进了茶氨酸的合成。如高氨基酸、低茶多酚含量的安吉白茶、白鸡冠等。

武夷茶滋味厚重，似乎更能适应元朝蒙古贵族用之煮奶茶的重口味需求。明朝末期的湖南茶，受到西北少数民族的喜欢，也是因为"湖茶味苦，于酥酪为宜，亦利番也"。那么，到了明代中后期，武夷山的蒸青散茶作为贡品，为什么又会受到明朝宫廷的鄙视呢？这是因为中、大叶种茶，茶多酚含量高，茶青容易氧化红变。假如鲜叶在蒸青时，杀青不到位，茶青半生不熟，则会造成茶叶滋味的寡淡苦涩，青草气重，香气不显。茶青经过揉捻、焙火后，假若再焙火不透，含水率过高的干茶，若再存放一段时间后，就会出现外观色泽的氧化红变。这即是明末清初周亮工在《闽小记》所讲的，虽然武夷茶的品质，不次于江南的茶，但烘焙不得法，"既采则先蒸而后焙，故色多紫赤，只堪供宫中浣濯用耳！"明末陈继儒在《太平清话》中也说：武夷茶先蒸后焙，经过旬月，又出现紫赤如故的原因，与未经松萝法改造以前相似，都是僧拙于焙火。

在崇尚绿茶的明代，存放数月后，就可能红变的茶叶，是无法作为贡品或在市场卖出好价钱的。当时做得最好的绿茶，要数安徽休宁地区的松萝茶。顺治七年（1650），崇安县令殷应寅，便慕名请来了炒茶技术精湛的黄山僧人，引进徽州地区的松萝制茶法，来改造工艺落后的武夷蒸青绿茶，以炒代蒸，炒焙结合，于是，武夷松萝茶便出现了。

　　当明末的正山小种红茶外销、渐渐兴旺以后，到明末清初，武夷山区生产的茶叶大概分为三种：第一种，是外销欧美地区的红茶或红乌龙；第二种，是晋商从下梅村运往西北地区及蒙古、俄国的青砖茶；第三种，就是生长在武夷山深处的大岩上的烘青

武夷山的天心永乐禅寺

的武夷松萝茶。

明末清初的武夷山，几乎无山不庵，山中的寺庙、庵院多达五十余处，山僧多为闽南人。其中较著名的，如同安的释超全，泉州的净清，晋江的兴觉，漳州的性坦，龙溪的释超煌、道坦等，同时，在山里也隐居着很多闽南籍的反清复明的明代遗民。上述罗列的这些隶属闽南的同安、龙溪、泉州、漳州等地，也是中国工夫茶最早的交流和传播重地。

按照福建布政使周亮工的记载，新改良的武夷松萝茶，虽然色香味都具足了，但过不了多久，茶叶又像过去的蒸青散茶那样，变得"紫赤如故"了。绿中泛着紫、或红、或褐色的叶片，是不是很接近于乌龙茶摇青后所特有的绿叶红镶边？由于茶青所含的叶绿素极不稳定，为了解决叶片色泽的花杂难题，寺院的僧人索性通过改良焙火技法，让干茶色泽统一变成了乌青（黛绿）色。由于茶叶的条索经揉捻后，扭曲似龙，因此，闽北的乌龙茶，作为一个与众不同的茶类，就这样在武夷山的寺庙里诞生了。大约康熙五十年（1711）前后，应崇安县令陆廷灿的邀请，共同来修订《武夷山志》的王草堂，把目睹到的武夷山僧制作武夷岩茶的过程记录在《茶说》一文中。其中有："既炒既焙，复拣去老叶枝蒂，使之一色。"这也从文献上证实了武夷岩茶（青茶）的诞生。

由于明清两代的海禁迁界，很多闽南人被迫迁到闽北武夷山的周边，如江西上饶地区等。武夷山天心永乐禅寺的僧人释超全，在《武夷茶歌》中写道："嗣后岩茶亦渐生，山中藉此少为利。"当武夷山寺庙中的闽南籍山僧通过长期的摸索、实践，熟练掌握了武夷岩茶的制作技术，就可以小批量生产武夷岩茶了。当出售的武夷岩茶，能够为寺庙赚取一定利润，能够贴补寺庙开支的时候，无论是谁，必然会进一步扩大再生产，以提高武夷岩茶的产量。要想扩大再生产，必然需要扩招劳力来协助生产武夷岩茶或管理茶园等。近水楼台先得月。江西上饶及周边的沾亲带故、语言相通的闽南籍移民，必定是寺庙僧人最放心的第一人选。厦门籍的僧人释超全（1625～1711），分别在《武夷茶歌》和《安溪茶歌》里充分证实了这一点。他说："近年来，寺庙里武夷岩茶的生产，主要依靠漳州籍的茶工。"雍正十年（1732），喜欢茶的崇安县令刘埥，在《片刻余闲集》中记载："当时的武夷岩茶，市场上没有卖的，只能在武夷山九曲内的各寺庙中才能买到。"此时生产的武夷岩茶，为表达制作工艺的精细、精湛，如释超全《武夷茶歌》所言的"心闲手敏工夫细"，故武夷岩茶常被称为"工夫茶"。清代学者梁章钜在《归田琐记》中，记载静参羽士与他在天游观夜品岩茶时说："武夷岩茶的名种，即泉州、厦门人所讲的工夫茶。花香、小种、名种、奇种，都是武夷岩茶不同等级的名字。"民国以后武夷岩茶很少再用"工夫"二字来命名了。"工夫"二字常用在红茶身上，如祁门工夫、政和工夫、坦洋工夫、白琳工夫、休宁工夫、滇红工夫等。

随着武夷岩茶的名声日著，武夷岩茶的销售渠道，必然掌握在与寺庙关系密切、与生产相关联的闽南人手中。今天我们仍能查到的泉州惠安的集泉茶庄、泉州的泉苑茶庄、厦门的文圃茶庄、漳州的奇苑茶庄等，都是专门销售武夷岩茶的百年老字号。据统计，清末漳、泉地区直接在武夷山开荒、种茶、建厂的茶庄，竟高达30多家。1941年，仅漳州奇苑茶庄，在武夷山正岩区就设有7个茶厂。庄主林燕愈，控制着武夷山正岩区的多处核心资源，号称"武夷十八岩主"。

清代的武夷红茶、其他红茶、青砖茶和绿茶的销售，主要被晋商和粤商把控着，而新兴的武夷岩茶，由于与闽南籍僧人的特殊关系，主要被厦门、漳州、泉州、汀州的茶商控制着，产品销往闽南本地、潮汕、台湾、港澳、南洋及美国等华人较多的地区。

大约到了1935年，闽北山区战火纷飞，武夷山的外地茶商及其实力强大的茶厂老板，全部弃厂而逃，武夷山中只剩下曾为茶厂打工和管理茶园的穷苦百姓。从此，销售渠道中断，茶山荒芜，武夷山区的岩茶生产，又一次陷入了低谷。1989年8月21日，原崇安县撤县改为武夷山市。

20世纪90年代以前，在中国的长江以北，还没有纯净水的影子，居民饮用水的平均硬度，大都在200mg/l以上。金属离子含量及硬度均较高的水质，会严重影响茶汤的香气、滋味与汤色。因此，那时候北方地区的饮茶，以香高且对水质要求不高的茉莉花茶和绿茶为主。

只有善于抓住机遇的人，才有可能分享到时代给予的红利。崇尚"爱拼才会赢"的福建安溪人，瞅准时机，果断从台湾引进"台式乌龙茶"的制法，推出了既像绿茶又兼有茉莉花茶芬芳的清香型铁观音，一时风靡全国，红遍大江南北。于是，很多初中未毕业的安溪年轻人，开始成群结伙，挑着茶叶，走街串巷，不遗余力地在全国各地开拓着铁观音茶的消费市场。就是这群吃苦耐劳的安溪农民，在城市的夹缝中，硬生生地把铁观音茶做得人人皆爱、家喻户晓，成为中国当时最具商业价值的热销茶品，一时风光无限。清香型铁观音，凭借其翠绿的外观、清甜的滋味、馥郁的兰花香、迷人的观音韵，瞬间征服了无数的爱茶人。过去很多人的茶启蒙或爱上喝茶，包括我自己，大概都是从一杯清香型铁观音开始的。

任何事物都具有两面性。铁观音的异军突起与火爆热销，推动了20世纪90年代中国茶文化热的产生。在那个时代，没有百度搜索，关于健康喝茶的科普读物出版得很少，图文并茂的彩印茶书也几乎没有。出于对茶文化的爱好与渴求，分布在城乡角角落落的各色茶店，便成了民间爱茶人以茶会友、知识启蒙、饮茶常识普及的最方便的社会课堂。而当时的客观现实是：茶店从业人员的知识水平相对偏低；很多店主都没有初中毕业；他们有限的茶知识，基本都来自于家庭、老乡或同行的道听途说。有时迫于生存压力，为了能把茶叶更多、更快地卖给客户，便会有意识或无意识歪曲了很多诸如鉴别茶、品茶、泡茶和藏茶的一些常识。而这些错误，又通过饮茶人群的裂变式传播、以讹传讹和不断放大，一直波及到今天，仍根深蒂固，很难纠正。

安溪人引进的"台式乌龙茶"，其实是台湾包种茶的做法。台湾轻发酵的包种茶，大约是光绪十一年（1885）出现的。此前台湾茶叶的出口，始终被欧美的洋商牢牢控制着。洋商垄断、压低茶叶收购价格的后果即是：茶农为了生存，只能以次充好；为

红心铁观音的原始品种

了提高茶叶的香气，不得不把茶叶运到福州窨花提香。为了降低出口茶的生产成本，王水锦、魏静时等人，因势利导，通过探索茶青的轻发酵，创新出了花香清新的包种茶，提高了茶叶品质，省去了茶叶外运窨花的大量额外支出，一举两得。

1885年以前的台湾乌龙茶，与20世纪90年代的传统铁观音，其工艺基本是一致的，都是绿叶红镶边、汤色金黄、重摇青、重发酵、传统炭焙的。在1645年以前，台湾并无茶叶栽培的历史记载。1661年，郑成功收复台湾，建立了以汉人为主体的社会结构，接纳吸收了来自泉州、漳州、潮州等沿海地区的大量移民。

根据台湾历史学家连横的记载，早在清朝嘉庆年间，就有武夷山的茶种被移植到现今台北的瑞芳地区。咸丰年间，台湾南投县鹿谷乡的秀才林凤池，从福州带回了36株青心乌龙茶苗。其中的12株种植在了台湾鹿谷乡的冻顶山，逐渐繁衍成为今天的冻顶茶园。光绪年间，安溪福美村的张氏兄弟，把铁观音茶苗和传统的制茶技术带到台湾木栅地区的樟湖山，逐步发展成为今天的木栅铁观音茶区。

而安溪乌龙茶的制茶技术，又是来自于哪里呢？康熙四十二年（1703）前后，释超全在厦门写下的《安溪茶歌》有："溪茶遂仿岩茶样，先炒后焙不争差。"这就进一步证实了，是泉州、晋江的茶商，把武夷茶的制作技术带到了此前以绿茶生产为主的隶属泉州府的安溪地区。此后的安溪，便开始模仿岩茶，直接进入了闽南的乌龙茶时代。商业发展的历史，大概率也是人类本性展现的历史。安溪人模仿岩茶的目的，就像今天很多的外山茶叶冒充正山小种红茶、很多武夷山周边的茶叶冒充武夷正岩茶一样，都是为了在市场上卖个好价钱，多赚取点利润。在《安溪茶歌》的最后，释超全不由得对此感慨万千，他说："真伪混杂人难辨，世道如此良可嗟。""我的肺病日益严重，武夷山的井坑香涧，路途过于遥远，我再也无暇为你们分辨真假和正邪了。"

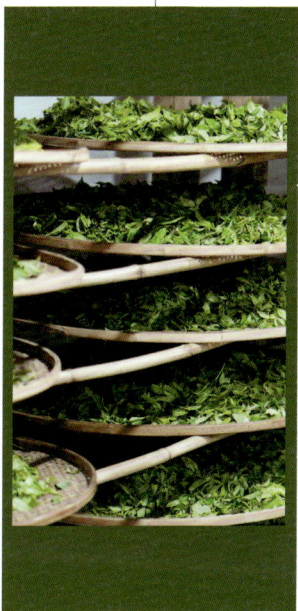

传统乌龙，三红七绿

乌龙茶的发展，从品种选育到工艺完善，都是以如何提高香气为核心的。

　　我们知道，乌龙茶以香高醇厚见长，以不苦不涩为佳。因此，乌龙茶的发展，从品种选育到工艺完善，都是以如何提高香气为核心的。乌龙茶制作的基本工序包括：采摘、萎凋、做青（摇青、晾青）、杀青、揉捻、烘焙等环节。

　　乌龙茶为了得到更好的香气，就必须借助阳光下的萎凋和恰当的摇青来实现。乌龙茶的鲜叶，要耐得住摇青的叶缘碰撞损伤，从而确保"绿叶红镶边"的形成，这就对所采摘茶青的成熟度提出了一定的要求。茶青若是采得过嫩，叶片纤维素含量低，角质层尚未成熟，在鲜叶萎凋、摇青时，就容易形成走水不畅的"死青"。制作出的茶叶，条索瘦小细碎，滋味偏于苦涩。假如茶青采得过老，不仅果胶含量低，干茶条索粗大松散，而且会使茶汤的香气低、滋味薄、水路粗。制作乌龙茶最理想的茶青，是中开面采，还要选择晴天的下午三点以后。

　　乌龙茶的开面采，是指茶树新梢的芽头不再生长，形成驻芽

带同学们行走在悟源涧

（亦称无芽鲜叶）时，以第二叶为参照标准，若是新梢顶叶与第二叶的面积比例≤1/3，谓之小开面；若是新梢顶部第一叶面积相当于第二叶的1/2，谓之中开面；若是顶叶与第二叶面积比例为≥2/3，谓之大开面；假若新梢顶部的芽头尚未展开，谓之不开面。

乌龙茶采得成熟，茶氨酸含量低，因此，乌龙茶的萎凋，不同于绿茶的摊凉，最佳要在阳光下进行。武夷山每年的春茶季，只要遇到难得的晴天，天心村的茶农们一定是全力以赴抢采肉桂。对于肉桂茶而言，若是香气不高扬、不迷人，是卖不出好价

钱的。过去茶农常讲的"日生香"，即是乌龙茶的萎凋，不见阳光则香气不高。其实正山小种红茶的萎凋，最好也应该在阳光下完成，只是春茶季偏逢武夷山的雨季，没办法罢了，沿袭成为今天的室内热风萎凋。

为什么弱阳光下的萎凋，对于乌龙茶的制作是如此的重要呢？因为下午4点至5点的日光萎凋，与无阳光下的热风萎凋相比，适当的光照，能够引起鲜叶内含物质的变化，使茶青更耐得住摇青过程中人为造成的损伤，有利于香气组分总量的增加。不仅如此，阳光带来的光能和热能，首先能够促进叶片中的水分蒸发，使鲜叶在短时间内失水，茶梗与叶片变软，更具韧性。其次，使茶青细胞的浓度提高，加之萎凋叶逐渐酸性化，水解酶的活性不断增强，加速叶内物质的化学变化，使原来不溶于水的多糖类、蛋白质等物质，转变为简单的水溶性的小分子物质，从而使单糖、水溶性果胶和氨基酸等，都有不同程度的增加。第三，一方面，芳香物质在水解酶的作用下，从糖苷中游离出来；另一方面，一些大分子物质，如脂肪、蛋白质、多糖类、类胡萝卜素等发生降解，为香气物质的形成奠定了充足的物质条件。

茶青的萎凋过程，表面上看是一个不断失水的过程。期间，茶梗的失水量，远低于叶片的失水量，二者之间形成的浓度差，为茶青的走水提供了必要的动力。

茶青萎凋的恰当状态为：叶面失去光泽，叶色转暗，第一叶

乌龙茶做青的静置

乌龙茶做青的摇青

萎软下垂，第二叶叶缘微卷，青气减退，花香显露，减重率约为10%～15%为宜。

乌龙茶的做青，包含摇青和静置（晾青）两个部分。无论是手工水筛的摇青，还是机器摇青，都是通过转动，使茶青叶缘相互摩擦、碰撞。一方面，茶青边缘的连续损伤，可以诱导生成更多的香气物质；另一方面，茶青边缘损伤，水分便沿着叶脉扩散，经由叶缘的损伤面与叶背的气孔蒸发，由此导致茶梗与叶片之间形成一定的浓度差，推动茶梗里的香气物质和水溶性物质，借助物理扩散输送到叶片里来。

开面的茶青，一般是由茶梗、叶柄和三四片叶子构成的，它们相互连接，形成一个类似人体血管网络的结构。假如叶脉是毛细血管，叶柄是稍粗的血管，那么，茶梗就是主动脉。叶片损伤或折断，如同人体的动脉断裂，导致叶片局部无法走水。这也是乌龙茶的茶青在采摘与运输过程中，需要保持鲜叶的完整性与新鲜度，不能折断、挤伤梗叶的根本原因。茶青的梗与叶之间的浓度差，即是乌龙茶做青过程中"走水"的原动力。等梗、叶之间的浓度差渐渐消失，就意味着乌龙茶做青、静置环节的暂时告一段落，马上要重启下一个摇青阶段。

待叶片的色泽，由翠绿转为黄亮；叶面收缩、背卷成汤匙状；叶缘由绿色渐转为红边；叶脉透光度逐渐增大；气息由强烈的青臭气转变为清香，乃至呈现出浓烈的花香、果香；叶质柔软

做青叶的绿叶红镶边

或手握茶叶发出沙沙的声响时，即为做青适度。

　　其中，做青叶的叶脉透明，非常关键。叶脉透明，证明走水的顺利完成，即苦水走尽。过去茶山的老师傅常说："好茶师摇出来的茶青，是透亮的。"做青叶保持叶面黄亮且带红镶边，可视为是做青适度的标准。若叶片的绿面太多，说明摇青力所不及，滋味会偏绿茶方向；若是红面太大，说明摇青太过，滋味会偏红茶方向。传统乌龙茶"三红七绿"的摇青标准，则说明乌龙茶是介于鲜爽的绿茶与甜醇的红茶之间的一个茶类。清香铁观音做青的"一红九绿"，也由此证明了它是一个乌龙茶偏绿茶化的创新茶类。

　　乌龙茶的做青，与红茶的发酵、白茶的萎凋一样，都需要在低温条件下进行，才会生成更多的香气物质，气温以22℃～23℃为佳，湿度以60％～70％为宜。武夷山的春茶季，晚上做青时，气温常常偏低，此时，会在炭盆内燃烧无烟的木炭，以提高做青时的室内温度，促进茶青氧化，使茶做得更熟，香气更幽纯。当然，温度也不能过高。若是温度太高，酶促氧化剧烈，清香型的芳香物质会减少；若是湿度太高，则会影响叶片的水分蒸发，香气低闷。因此，有经验的茶农常说："北风天，才是出好茶的天赐良机。"安溪寒露时节的高海拔铁观音，为什么会比春茶更香？其根本原因在于，安溪的秋季晴多雨少，寒露前后昼夜温差大，空气湿度小。如是在海拔较高的祥华茶村，高山上的夜晚，寒意侵衫，做青时气温稍低，茶青走水顺畅，积水红变现象减轻，成茶就会滋味鲜美，甜润爽口，花香清新、清晰，清香中兼有幽幽的奶香。

　　由此可见，做青是塑造乌龙茶品质的最为关键的工序，它直接决定了茶叶色、香、味、韵的形成。

　　乌龙茶的杀青，是通过高温迅速钝化酶的活性，防止叶片继续红变，固定做青时形成的香气与滋味，挥发掉低沸点的青草气息，为揉捻塑形创造条件。

　　乌龙茶的揉捻、塑形，根据市场的需求和做茶习惯，大致分

做青到位的乌龙茶叶片

为揉捻而成的条索状和包揉而成的球状、半球状两类。如闽北的武夷岩茶、潮州的凤凰单丛、台湾的包种茶，为条索状。如闽南的铁观音为半球状，台湾的乌龙茶介于球状和半球状之间。永春佛手，在20世纪90年代曾追随铁观音的半球状外形，近几年，逐渐在向传统的条索状回归。

台湾的高海拔乌龙茶，因茶多酚含量不高，为了茶汤滋味的鲜爽，故其采摘标准不同于福建茶区的开面采。台湾茶一般采一芽两叶或一芽三叶。在做青的过程中，为了保留更多的茶氨酸，萎凋轻、发酵轻、焙火轻。包揉成球状的台湾乌龙茶，芽小梗嫩，故毛茶基本不用挑梗。而安溪铁观音是开面采，没有肥硕的芽头，茶梗较粗，故必须把茶梗挑拣出来。挑拣出来的墨绿色的铁观音干茶，应该通过进一步的焙火，把净茶的含水率降到7%以下，再出厂为宜。多年来，某些安溪的茶农，为了保持铁观音外观色泽的墨绿和香气，常会省去这道必要的干燥工序，这就造成了市场上很多的清香型铁观音，也必须像绿茶一样冷藏保存，才能保证干茶在短期内风味不发生劣变。

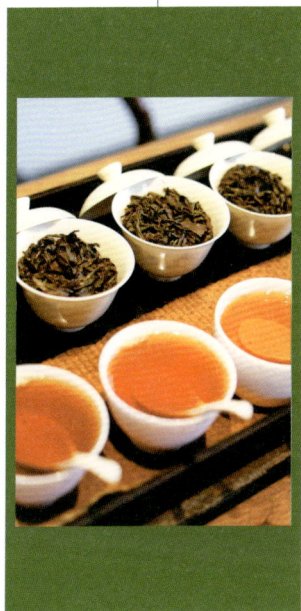

焙火工艺，受制市场

量体裁衣，看茶做茶，能够焙透、焙到位的茶，都是高品质的好茶。

明末清初，武夷山引进安徽松萝茶的制作技术之后，经过寺庙僧人的不断探索与改造，诞生了武夷岩茶。因此，武夷岩茶最早的名字叫做武夷松萝茶。有一点需要注意，同时代文献中的武夷茶，多指外销的武夷红茶或绿茶。

通过文献我们发现，名满天下的松萝茶，在采摘时，与今天的绿茶采摘标准大相径庭。松萝茶的采摘，只允许采摘较嫩的叶片，不能带芽、枝梗和老叶。嫩叶被采回后，在摊凉、杀青前，还要剪掉嫩叶的叶尖和叶柄，仅保留嫩叶的中间部分。明末，方以智在《物理小识》中，记载了松萝茶的嫩叶，不仅要剪掉叶尖、叶柄，还要剔除嫩叶稍粗的叶脉。待武火杀青，文火炒干后，还需要再焙一次，让叶片"上霜"。可见，彼时松萝茶制作的繁琐与精细。

数百年前，松萝茶在初摘时，剔除芽头、茶梗和老叶的这个过程，像不像当今安徽六安瓜片的板片工艺？松萝茶焙火后的叶

片"上霜"，又十分近似六安瓜片在烘焙时的拉老火，一直烘到
叶片起白霜方好。六安瓜片的挂白霜，是干茶烘焙到位的表现。
这些白霜的主要成分，就是茶中的咖啡碱。无独有偶，武夷山的
正岩茶，如果焙火到位，也会在干茶的表面结一层白霜。这层白
霜，是武夷岩茶在焙笼内焙火时，受热升华出的咖啡碱，在茶叶
表面温度稍稍下降时，以气体的形态又重新凝华在茶叶表面的。
我们在乌龙茶产区的焙火间的墙壁上，也常常看到上述所讲的凝
结的白霜，其道理是一致的。今天的武夷岩茶，我们从毛茶的挑
茶梗、拣黄片、茶叶表面泛白霜等环节，是否还能观照出数百年
前松萝茶的影子及遗留的信息？

　　在武夷岩茶诞生不久后的雍正年间，根据崇安县令刘埥的
记载："当时的武夷岩茶，外形盘曲如干蚕状，色泽青翠近于安
徽的松萝茶。"在传统的语境里，青色不是绿色，古人曾把不同
程度的蓝、绿、黑都归纳为青色。青翠更接近于墨绿色、黛绿色
或砂绿色。如乌润、砂绿色的清香型铁观音。这说明，在彼时新
兴的武夷岩茶，其焙火温度并不高，干茶的外观色泽已经接近乌
润，还没有达到乌色（浅黑）。

　　康熙、雍正年间，王草堂在武夷山大王峰处修建武夷山庄，
著述自娱。他的《茶说》一文，问世时间不会早于康熙五十年
（1711），其中记载的"复拣去其中老叶、枝蒂，使之一色"，
这个"一色"，是拣去枯黄的老叶（黄片）与黄褐色茶梗之后，

带同学们在武夷山采摘名丛不知春

通过烘焙呈现出的黛绿色。在一个绿茶始终居于垄断地位的传统国度里，彼时任何制茶工艺的创新与改良，都应该是立足绿茶基础上的提高，色泽不可能与绿茶的外观相差太大，否则，无法很快在国内培育出自己的消费市场。日久天长，当人们慢慢接受了乌龙茶的花香之美的事实之后，随着工艺的不断改进，乌龙茶的外观色泽和焙火工艺，才会渐渐地与绿茶区别开来。

康熙年间，崇安县令王梓，在《茶说》中说："长在山上的为岩茶，岩茶的茶汤是白色的。"乾隆年间的袁枚，在武夷山的寺庙里体验过最早的工夫茶。他在《随园食单》里写道："冲泡后，汤色为白色，且生长在武夷山顶的茶，为第一。"王梓与袁枚记载的岩茶汤白，与刘靖记载的岩茶色泽青翠，这三人对那个时代武夷岩茶的描述，还是相对准确和符合逻辑的。这基本能够证实：从康熙末年到雍正时期的武夷岩茶，外观色泽比我们今天的绿茶色重、色深，其发酵程度较轻，茶叶的焙火温度也不会高于120℃。如同我们今天的清香型铁观音一样，高等级清香型铁观音的汤色，不也是白色的吗？我们常常把这种外观砂绿、叶底深绿、汤白、香幽的正味铁观音，称之为"白水观音"。

与其他茶类一样，最早的乌龙茶的焙火，是为了降低茶叶的含水率，防止霉变，减少青气，去除苦涩味，在一定程度上，也会有效降低茶叶的寒凉性和刺激性，增加茶叶的烘烤香。随着制茶技术的不断发展与深入，人们渐渐发现：在茶叶的焙火过程中，客观存在着的美拉德反应和焦糖反应，可使不同季节、不同品种、不同等级的茶，在不同的受热温度中，表现出的滋味、香气、汤色和气韵，皆各不相同，异彩纷呈。

为什么生态绝佳的好山场的茶之香气喝起来会更加丰富？这是因为在绝佳的生态条件下，茶青中合成的氨基酸含量高且品种丰富，氨基酸种类越多，在焙火时，与糖类通过美拉德反应生成的香气物质就会越多。大家都知道，炖菜不如炒菜香。同理，蒸青茶、晒青茶和烘青茶，三者也是均不如炒青茶的香气高的。这是因为，温度越高，茶青发生的美拉德反应越强烈，生成的香气物质自然也会越多。这就能够合理解释，适合长期存储的普洱生

永春佛手的摇青

茶，为什么会以晒青方式最为恰当？这是因为，经过烘青、炒青的干茶，在高温条件能够挥发、降低普洱茶中原有的一些香气物质；高温下强烈的美拉德反应，又会消耗掉茶叶中内含的部分氨基酸与糖类等物质。由此可见，炒青茶或烘青茶，不是不能作为普洱茶的原料，只是不属最佳选择而已。有如此节能的晒青工艺存在，为什么还要费力耗能去烘青和炒青呢？

　　很多人感觉武夷岩茶难辨、难学，其重要的原因，还是由岩茶特殊的焙火工艺导致的。只要抓住了焙火对武夷岩茶香气与滋味产生影响的变化规律，喝懂岩茶会变得非常简单。绿茶鲜爽、白茶淡雅、黄茶甜醇，没有焙火因素的干扰，大家喝起来几乎没有什么困惑 。其实，不论是闽北的武夷岩茶，还是闽南的铁观音、永春佛手，潮州的凤凰单丛、台湾的乌龙茶等，它们毛茶状态的气息、香气和滋味，基本是一致的，都很像清香型铁观音，有着近似桂花香或兰花香的芬芳，这个时段的毛茶，大家也很容易喝懂。但是，等毛茶一旦焙完火，或经过两三道火的复焙后，岩茶的香气和汤感，就会变得相对成熟、复合，鲜爽度也相应下降，与毛茶的气息相比，便迥然不同了。由此可知，武夷岩茶的复杂性，在于它比其他的乌龙茶类多了一道焙火工艺。要想真正喝懂武夷岩茶，首先要搞清楚，焙火对香气和滋味究竟产生了哪些改变？其次，要弄明白，上述香气和滋味的改变，究竟是由哪些内含物质引起的？知其然，知其所以然，一切才会变得简单起来。

　　如同我们看到的自然界里盛开的鲜花一样，在大家走近鲜花的瞬间，都可以把该鲜花的香气、香型，非常直接、清晰、明确地表达出来。可是，等把这簇鲜花拿去焙一下火，因美拉德反应或焦糖化反应的存在，香气就会变得更加复合、复杂，甚至还会平添多种香气。假如再把这簇焙过火的干花拿去泡水喝，我们通过品饮，再去辨别这簇花蕴含在水中的香气物质，是不是又增加了几分难度？况且每个人的嗅觉基因和嗅觉感受器，均各不相同。即使面对的是同一杯茶、同一束花，每个人感受到的香气强

大叶种的永春红芽佛手

弱与气味类型，都可能是千差万别的。总之，大家在品茶时，谁也不要去强行说服谁，对香气和滋味的判断存在差异，是客观事实。好茶，也是和而不同。好喝且韵致清雅，才是硬道理。

我们以武夷岩茶为例，抽丝剥茧，看看焙火究竟是怎样影响到茶的香气与滋味的。

武夷岩茶，品种繁多。我们常见的品种，包括水仙、肉桂、铁罗汉、水金龟、白鸡冠、半天鹞、奇丹、北斗、不知春等，每一个品种的茶，都天生带有自己特定的品种香。而这些不同的品种香，借助乌龙茶的做青工艺，也会转化生成各种芬芳馥郁的香气。此时的香气，并不稳定，它会随做青程度的不同而变化。假如轻摇青，香气会偏花香；假如摇青重些，香气可能会偏花果香。这类近似兰花香、栀子花香、茉莉香、苹果花香、桂花香、玉兰花香的香气，有时会独自强势出现，有时也会叠加在一起出现。而这些偏清香的香气，在未焙火之前，都会与生硬的青草香气相伴。尽管香气高扬锐利，但是，香气驳杂，嗅之刺激，稍欠愉悦，不够纯净。

做青到位后的鲜叶，要及时地去杀青、揉捻和干燥。武夷岩茶的初步干燥，传统上又叫"走水焙"。过去传统的武夷岩茶制作，在完成了机械化的改造之后，"走水焙"的称谓发生了一些改变，当下更多是指毛茶挑拣完后的复焙和精制阶段。岩茶通过焙火，进一步降低茶叶中的水分，去除毛茶的杂味、青气，固

带同学们采摘悟源涧的铁罗汉老茶树

定毛茶的品质。经过传统的"走水焙"后，得到的毛茶，还不能算是真正的"吃火"。工艺做到位的毛茶，汤色多偏杏黄，茶汤鲜爽度高，滋味苦涩、刺激，香气偏浓郁的清香、花香，清纯高扬，初显山场气韵，叶底呈绿叶红镶边。

高品质的毛茶做完之后，需要沉淀一段时间，再去挑梗、拣黄片。因为茶梗与叶片含水率的不同，可使茶梗内残留的香气与滋味物质，继续向叶片中扩散，可谓余韵袅袅。

拣完茶梗与黄片的毛净茶的焙火，表面上看，是进一步地降低茶叶的含水率，实则是在调节茶中内含物质的含量比率。内含物质的比率变了，茶叶的滋味自然就会发生一系列的微妙变化。岩茶的焙火，能够挥发掉一部分不利于茶叶品质提高的物质，如青气、杂味、苦涩味及低沸点的香气物质，甚至包括可能携带的农残等。也能通过火温，产生的一系列复杂的化学变化，增加部分物质，如高沸点的香气物质、没食子酸等。由于高温会促进糖类与氨基酸之间的美拉德反应，以及糖类自身的焦糖化反应，因此，随着焙火温度与吃火程度的提高，茶的鲜爽滋味会逐渐减弱，香气的成熟度、稳定性在增加，清新的花香渐渐向甜蜜成熟的花果香、水果香、坚果香转变，茶的"火功香"特征也会凸显，呈现出武夷岩茶特有的岩骨花香、醇厚甘滑的品质特征。与此同时，随着焙火程度的增加，茶中咖啡碱和茶多酚的含量在显著减少，使得茶叶的苦涩滋味明显降低，这就意味着茶叶的刺激性和寒性也是呈同步下降的。一个最明显的体会就是，喝焙火到位的武夷岩茶，相对于清香铁观音等，跑厕所小便的次数明显减少了。假如岩茶的焙火温度达到了140℃，随着焙火时间的增加，茶叶里的呈味物质，如绝大部分的氨基酸类、儿茶素类会不断逸失，香气也会焙空消失，甚至会仅余低级的焦糖香、炭焦味和呛味，茶汤中也可能会呈现劣质的焦苦味。当借助焙火的去芜存菁，香气物质又一次以新的组分、以不同浓度，呈现在不同焙火程度的岩茶中的时候，我们感受到的茶香和滋味，肯定又是不同的。焙火的实质是，以火调香，以火定味，以火生色，能够使茶叶的香气、滋味、汤色、韵味，随着焙火程度的不同，"苟日新，日日新，又日新"。

武夷岩茶的"火功香"，简称火香，是通过美拉德反应产生的烘烤香，类似烤面包的香气。它不同于武夷岩茶的火味、火气。火味，是茶叶从木炭燃烧的烟气中沾染的炭香气息。关于火气的说法，我一直倾向于，它是美拉德反应产生的炎症因子，诱发人体产生的一种炎症反应。很多人在品完刚焙火不久的新茶或新炒出的绿茶时，可能会出现口干、咽喉疼痛等所谓的"上火"现象，其实，它是炎症因子刺激口咽局部产生的发炎症状。因此，我们常常会听到"雨前虽好但嫌新，火气难除莫近唇"的告诫。

岩茶焙火产生的火味或火香，作为一种强势气息的存在，会遮掩和干扰茶的本真香气。需待以时日，等火味、火香部分或完全褪掉后，岩茶的花香、果香、乳香等才会姗姗来迟，次第呈现，香气才会变得更加纯粹。因此，对于高品质的岩茶，其焙火程度并不是越重越好。有谁见过，把牛栏坑肉桂焙成高火茶的？如是那样，肉桂的馥郁香气和绝美滋味都会被焙空和无形散失掉的。其实，我们常讲的轻火、中火、足火、高火等，仅仅是在表达火温的高低或个人口味的喜好，与茶的品质表现并没有直接的因果关系。上佳的茶，并不一定需要火高。最重要的是，要实实在在地把茶焙透。足火的茶与把茶焙透，又是两个不同的概念。焙透的茶，汤色清澈明亮；滋味不苦不涩、清甜顺滑；香气幽雅绵长、特征清晰；气息纯净，没有任何的青气、杂味；饮后胃肠舒服，身心愉悦。尽管焙火能够有效改善茶叶的苦涩滋味、香气的成熟度、刺激性和寒性，但是，茶叶的香气和滋味，会随着焙火次数与焙火温度的提高而会越焙越空，这一点，一定要引起高度重视。

从岩茶焙火时需要糖类与氨基酸同时存在的美拉德反应能够窥见：氨基酸含量越丰富的茶，受热后产生的芳香物质越多，其香气就会越丰富，这也是生态良好的三坑两涧的茶叶，其品质、滋味和香气远远高于外山茶的根本原因。而市场上常见的汤色褐红、香气以焦糖香为主，花香、果香较弱甚至没有香气的茶，往往是焙火温度较高的茶。这类偏低端的外山茶，由于氨基酸的含量很低，其焙火手段，主要以高温产生的焦糖化反应为主。焙火的焦糖化反应，是指茶中的单糖类，在焙火温度达到140℃以上且没有氨基化合物存在的前提下，高温脱水、降解引发的褐变反应。如做红烧肉时的加糖上色等。市场上很多低端岩茶的焦糖香，就是为了掩盖茶青的滋味苦涩或工艺缺陷，而刻意采取长时间的高温烘焙形成的。此类茶的气息，像烤焦、烤糊的馒头，几无品饮价值可言。凡是叶底呈现炭化或带有明显焦味的茶叶，若在泡开后，茶汤黑红不透亮，几乎无清晰的花香、果香浮动，都意味着不是山场、工艺皆良好的岩茶。焦糖化反应所消耗的，主要是能为岩茶带来明显甜味的单糖类，并使茶叶中的没食子酸含量升高，因此，储存时间超过五年的武夷岩茶，其茶汤大概率会显露出淡淡的酸味，市场上称之为"武夷酸"。

民国之前，漳州、泉州、厦门、台湾、潮州等地的茶商，均斥巨资在武夷山开山、购地、建厂。根据1943年林馥泉先生《武夷岩茶之生产制造及运销》记载：岩茶的初焙（走水焙），挑拣茶梗与黄片后的复焙，均忌高温，火温以不超过120℃为宜，尽可能避免茶叶的香气被无端地挥发掉。名贵品种的焙火，为避免茶叶变黑、香气减弱，在焙筛上还要铺垫一层较厚的毛边纸隔热，焙出的理想的干茶外观，呈粉红宝色，而非今天的外观黑色。由此可见，在那个时代，品质较佳的武夷岩茶，香气偏浓郁的花香，汤色大概为橙黄明亮。如此就能理解，道光年间梁章钜，在天游观听静参羽士谈到武夷岩茶时，还把武夷岩茶称之为花香小种。其后，焙火温度较高的茶叶的出现，是因为战争造成港口或运输路线受阻，闽南、潮汕一带的客商，担心茶叶的远距离运输或存储过久，可能会导致茶叶返青或发霉的无奈之举。

新中国成立以后，武夷岩茶的市场，进入到了计划收购与计划供应的时代。茶农生产的茶叶，都要由当时的崇安县茶叶公司统一收购外销。即使在1981年改革开放以后，茶农生产的茶叶，依然需要通过厦门进出口公司收购后，统一焙火，统一外销。武夷岩茶的主要消费群体，仍为带着几份乡愁的东南亚、美国华侨等。在那个缺衣少食、资源匮乏的年代，低廉的茶叶收购价格，决定了茶农生产的茶叶不可能焙火很足，或者仅仅是烘干而已。因为焙火的木炭、焙工工钱的支出，对那个时代的茶农而言，也是一笔不菲的支出。

1982年，在地方政府的鼓励下，武夷山开始大规模地种植肉桂茶树。到1987年统购统销结束，武夷山的茶农才算是彻底打开了个人品牌百花齐放、百家争鸣的局面。由此可以理解，此前茶农生产的武夷岩茶的焙火，都不可能太重或太精细，大部分属于中、轻火茶。

综上所述，1987年之前的武夷岩茶，由于成本、条件的限制，大多数的武夷岩茶，都是在毛茶挑拣后一次性焙好，然后出厂，也不存在"岩茶究竟焙几道火才好"的困惑。在对岩茶品质

老丛水仙茶树

要求不高的前提下，把岩茶一次性焙火到位是完全可行的，又能大幅度地降低生产成本。但是，一次性把茶焙到位，意味着焙时长、温度高。假如不小心把茶焙空了、焙焦了或焙坏了，根本就没有再补救的可能，此举最能考验一个焙茶师傅的胆略和专业能力。自古财帛动人心。当武夷山正岩茶价格便宜的时候，人们对茶焙得稍好或稍差，都不会太在意，因为经济损失不大。但是到了今天，当三坑两涧正岩茶的价格动辄成千上万元一斤的时候，每一个焙茶师傅都无法承受把茶焙坏、焙空的风险，在焙火时，都会变得比过去更加谨慎，更加小心翼翼。因此，今天的武夷岩茶，分为三道火来焙，就成了趋于保守和成功率较高的主流焙茶方式。

第一道火，俗称走水焙。杀青揉捻完毕的茶青，通过高温焙火，迅速毁灭、钝化残余的多酚氧化酶，蒸发水分，进一步挥发掉低沸点的青气物质，尽可能最大程度地保留茶中的香气物质，控制毛茶的含水率在30%左右，利于后期挑梗与黄片时，减少毛茶的破碎率。

第二道火，又称复焙。挑拣完茶梗与黄片的毛净茶，由于长时间暴露在外，含水率会有所增加。复焙的目的，是进一步把茶叶的含水率降低到6.5%以下。同时，减少茶的苦涩度，提高茶的醇厚度，让茶喝起来更加顺滑，香气更加清晰、纯正。在岩茶价格低廉的时代，岩茶复焙后，就可以销售外运了。但当正岩

武夷岩茶的汤色

茶价格变得更加昂贵以后，茶农深知岩茶的火工，由低到高不可逆转，故在复焙时，都会适当留有余地，火焙得普遍稍轻一点，香气高锐而鲜爽。若不小心把茶泡浓了，滋味会偏苦涩。尽管如此，很多知名坑涧山场的高端茶，可能会在二道火时，已经焙得非常通透、熟化、到位，因此，高端岩茶的品质，与究竟焙几道火并没有多少必然的联系，只与个人的技术水平和认知相关。

　　复焙时，焙得稍欠一点的茶，在保存半年或一年左右之后，可能会出现返青现象。生活在商业欠发达的过去的人们，并没有存茶的想法和习惯，一般会估量着需要多少，才会购买多少。在茶叶还未到返青的时候，便早已消耗完毕。因此，也不存在要求商家再继续焙火的可能。当今天的商家，在商业利益的驱动下，都在想方设法鼓动客户多多存茶以后，用不了太久，大量未及时消费掉的茶叶，就可能出现返青现象。商家在套牢客户的同时，也无法逃脱自己对茶的保质责任。作茧自缚的后果，使得厂家不得不增加岩茶的焙火次数，进一步把茶做得更熟，把水分降得更低，这就无形中延长了武夷岩茶的生产周期，相应地也提高了武夷岩茶的制作成本。任何成功的商业模式，都是一个局，人类的认知高度，都是在如何识局、破局中提升的。任何茶的商业运作或炒作，都概莫能外。

　　第三道火，其实是武夷岩茶的一个锦上添花、按需定制的再精制过程，也是根据各种客户的不同需求，量身定制不同火功、不同风格、不同风味的产品供给，进一步来细分市场。假如客户偏重香气，焙火就不宜太高，但须焙透，进一步降低含水率，使茶叶更加熟化，香气更幽，茶汤更顺滑。如果客户偏重滋味，焙火就需要再足一些，让汤色红浓，汤感更加细腻、厚滑；香气偏花果香、坚果香，更加低调内敛，香微溶于茶汤，挂杯香持久；滋味醇和而不刺激。

涉及岩茶的焙火，几乎每个人都有一套自己的说辞，且还为不同的焙火程度而争论不休。其实，不论是轻火、中火、中足火、足火、高火，还是高温焙火、低温慢炖，最终的目标是要把茶焙透。而要把茶焙透，与选用什么样的火、焙多长时间、焙几次，并没有多少必然的联系。轻火，可以把茶焙透；足火，也能

牛栏坑的真岩肉桂

把茶焙空。高温，可以在短时间内把茶焙成轻火；低温，也能在长时间内把茶焙成足火。焙三道火的茶，不一定比焙两道火的火功高、品质高；同理，焙两道火的茶，也不见得比焙三道火的火功低、品质差。武夷岩茶究竟需要焙几道火的关键，是由做青的品质、焙火时的火温、焙火的时间、翻焙的频率等诸多变量综合决定的。刻意强调其中的任何一个变量，都是瞎子摸象，得出的结论都是不科学的。

　　焙透的茶，无关火功，无关汤色；香气清纯、细幽，盖香、汤香、挂杯香持久绵长，不能驳杂有青气、杂味、焦味；滋味清甜、顺滑、细腻，不苦不涩；汤色明亮、清澈、艳丽；叶底柔韧性好、无炭化痕迹；饮后体感愉悦，对胃肠无明显的刺激性；齿颊留香持久、回甘生津明显。综上所述，量体裁衣，看茶做茶，能够焙透、焙到位的茶，都是高品质的好茶。至于轻火与足火，低温与高温，焙几道火等，都只是手段，不能成为评价茶之品质高低的标准。就如我们生活中的做菜一样，凉拌、清蒸、烫涮、煎炸、爆炒、炖煮、红烧等，各美其美，都能制作出风味不同的顶级美食。您敢武断地讲："红烧的菜，就一定比清蒸的更高级吗？"同理，足火的茶，也不一定会比轻火的茶更高级。只要把茶做熟、焙透，轻火的茶，也不一定会在短时间内返青。理清其中的辩证关系，对于学茶之人，显得尤为重要。

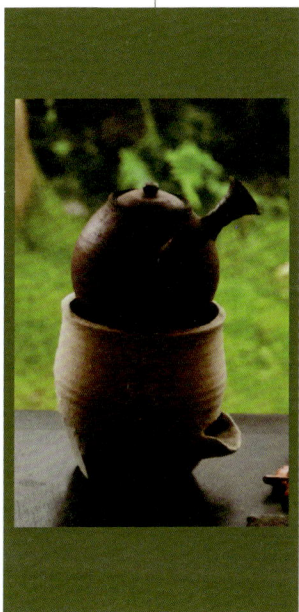

花乳斋后，工夫茶兴

只要茶器小巧精妙、烹法讲究、啜之精致，并存有闲情逸致，都属于工夫茶的范畴。

大约在乾隆五十八年至嘉庆五年（1793～1800）期间，浙江绍兴人俞蛟，以监生身份赴嘉应州（现广东梅州）出任兴宁县典史，在途经程江的六篷船上，见到了著名的船妓月儿，并把月儿为他烹茶的茶器和程式，详细记录在《梦厂杂著·潮嘉风月》一书中。此前，工夫茶是武夷岩茶的代名词；此后，月儿烹制武夷岩茶的方法，即泡茶方式，就被约定俗成地称之为工夫茶了。简言之，在俞蛟的《梦厂杂著·潮嘉风月》问世之后，工夫茶才由一个茶类转变成为一种精致的泡茶方式的。

根据俞蛟的记载，月儿当时泡的是珍贵的武夷岩茶，所用的茶器大概为：精美的白泥炉及细炭，朴雅的瓦铛、棕垫、纸扇、竹夹等，宜兴紫砂壶、旧而佳且圆如满月的小杯，内外画山水极工致的杯盘、贵若拱璧的壶盘，等等。这些寻常舟中不易得的茶器，精致奢华，即使是在今天，也令我等望尘莫及。

俞蛟谓之"工夫茶"的泡茶方式，究竟起源于哪里呢？追根

溯源，就会涉及明末清初南京花乳斋的主人闵老子。闵老子的真名叫闵汶水，原籍安徽休宁人，他与松萝茶的创始人大方和尚是老乡。闵老子的尊称，最早出自张岱的《闵老子茶》一文。

闵老子的花乳斋里，悬挂的"云脚闲勋"匾额，是明末著名书画大家董其昌题字并赠予的。花乳斋开设在秦淮河畔、风雅千年的桃叶渡旁，此处汇聚着的十里秦淮的显宦、巨贾、名流、才子、佳人等，皆是茶道大家闵汶水先生的优质客户。闵老子以汤社主宰着江南的茶韵风流，以安徽的松萝茶引导着金陵的消费时尚。闵老子制作的松萝茶，又名闵茶，在当时是社会名流追逐的奢侈品，其名气与影响力之大，远超我们的想象。清末著名学者俞樾，在其著作《茶香室丛钞》中，竟发出"未得一品闵茶"的遗憾，他曾写道："未知今尚有否也？"当南京地区出现大量的假冒闵茶时，为了解决闵茶的仿冒问题，闵老子接受了董其昌对松萝茶的包装进行重新设计的建议，并从图记、印封等方面着手，提高了包装的辨识度和精美度，让人一看就知道，它是市场上最贵重的奢侈品。这应该是历史上最早的带有商业目的的茶包装防伪设计。

明末，闵老子虽然是江南地区著名的茶界领袖，但是，他首先是个商人。商人的使命要求他，既要把茶做好、做精，又要在达官贵人之间把闵茶卖出个好价钱。因此，打破常规，想方设法选用最精当的茶器，别开生面地创新，精益求精地把闵茶泡得更加好喝，就成为了闵老子毕生的追求。张岱在《曲中妓王月生》一诗中，赞赏闵汶水是"钻研水火七十年"的白下高人。晚年的张岱，在与胡季望的书信中感叹道："金陵闵汶水死后，茶之一道绝矣。"张岱慨叹的闵汶水的"茶之一道"，又是怎样的呢？简言之，就是闵汶水在精选水、火、器、茶的基础上，尽可能地提高泡茶温度，控制好茶与水的比例，并考虑到不同阶层人士口腔味蕾的敏感程度，精准地把握好泡茶的出汤速度与茶汤浓度。我们读《红楼梦》，会很清楚地知道，贵族出身的贾母和乡下的刘姥姥，对待妙玉泡出的同一杯茶的浓淡喜好，不就是不同阶层人群的口味和品位差别吗？从这一点讲，闵老子真的是洞悉人性的茶中高人。

为了降低水质对茶汤香气、滋味、汤色的影响，就要选择相对纯净且新鲜的泉水，水中的二氧化碳含量高，偏弱酸性，谓之活水。张岱首次去花乳斋拜访闵汶水，两人泡罗岕茶时，用的是闵老子深夜到惠泉淘井新涌出的泉水。为了提高泡茶的水温，闵老子自起当炉，用密度大、热值高的紧炭，燃烧能够得到活火。为了控制好茶与水的比例，闵老子敢于打破当时的文人们对容量较大茶壶的习惯认知，在泡茶时，选用了容量小于150毫升的紫砂壶泡茶。当泡茶壶的容量变小了，品茶的杯子，自然也要相应变小。明末日常饮茶用的茶杯，容量都偏大。因此，闵老子别出心裁，敢于率先启用容量较小的小酒杯品茶待客。从明朝万历以

降的茶文献来看，闵老子确实是中国历史上第一个借用小酒杯品茶的人。福建布政使周亮工，为什么在《闽茶曲》中一直瞧不起闵老子，就是因为他第一次去桃叶渡拜访闵老子时，看到闵老子"以小酒盏酌客"，并"颇极烹饮态"，他当时错误地认为闵老子名不副实，"不足异也"。当时的周亮工主观认为：闵老子用小酒杯招待他，不符合此时文人选择茶器的标准与审美；闵老子如此离经叛道的见地，是配不上他在茶界所拥有的卓著声誉的。可是，墨守成规的传统文人周亮工，并没有意识到，茶器的主动小型化，是饮茶艺术精细化的直观表现。以明末文徵明的曾孙文震亨为代表的文人饮茶的巨壶大器，是很难准确地表达出茶的真味、真香的。闵老子事茶的标新立异，必将深刻地影响到松萝茶及后世武夷岩茶的品饮方式的。

闵老子泡茶的当炉、紧炭、山泉水、精绝的小茶壶与小酒杯，"与俗手迥异"的"曲尽旗枪之妙"，周亮工眼中的"水火自任""颇极烹饮态"等，勾勒出的不就是早期工夫茶的雏形吗？我们知道，传统的中国人尤其是商人在待客时，特别在意展示自己的实力与自己的面子。工夫茶既不是一壶三杯的摆设，也不局限于泡什么茶类，它是在明末待客以浪费为贵的炫耀消费心理下萌芽的。因此，工夫茶是文人茶世俗化、市场化的产物。只要茶器小巧精妙、烹法讲究、啜之精致，并存有闲情逸致，都属于工夫茶的范畴。

　　万般皆下品，唯有读书高。古代的读书人，可以通过科举入仕，当官拿到俸禄，从内心是瞧不起商人的。士农工商的排名顺序，也明确体现出了古时商人地位的低下。周亮工出身于书香门第，又是明朝崇祯十三年的进士，闵老子对于无端遭受到的周亮工的鄙薄，内心是非常清楚的。闵老子虽然是董其昌认可的高韬不群之士，是阮大铖眼中的茗隐幽人，但是，他没有俸禄可吃、没有权力可贪，即使再高雅不俗、再有名士风度，也要首先解决好自己的吃饭问题。闵老子绝非是等闲之辈，他最清楚市场的需求，只有把松萝茶的香气做得浓烈、做出浓郁兰香，才会受到世俗社会与世俗审美的追捧。如是这样，必然会与明末文人追求的岕茶的韵致淡远产生了分歧，并保持了一定的距离。这种饮茶审美上的雅与俗，闵老子自己又何尝不明白呢？只是对于没有俸禄可享的平民百姓，高雅是不能当饭吃的。

　　当张岱慕名来到花乳斋拜访自己时，闵老子用小酒盏与张岱品的就是明末文人最推崇的汤白、淡雅的岕茶。茶毕，便把张岱带到另外一个明窗净几的茶室，让张岱欣赏自己收藏的精绝的宜兴紫砂壶及成宣官窑的白色瓷瓯。言下之意即是，你们这些文人们所崇尚的岕茶，春茶、秋茶我既会制作又精于品鉴；符合你们文人审美的容量较大的紫砂壶及官窑茶碗我也都有，只是我不用而已。我另辟蹊径，选用小壶、小杯泡茶，是因为我收藏的茶壶与官窑茶杯的容量太大，不太容易把茶的真味、真香和气韵表达

明代宣德甜白瓷杯

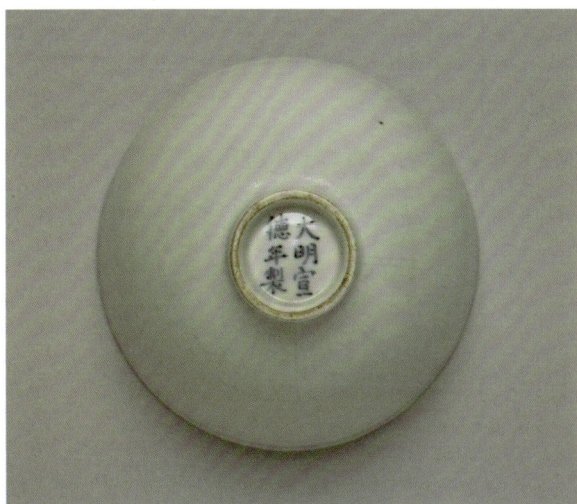

得更加完美。闵老子此时此刻的心情与深意，估计名公子张岱还无法能够完全领会。

清初顺治七年，殷应寅调任崇安县令，他不仅勇敢平息地方战乱，而且还在任职期间主动发展经济，聘请安徽黄山的僧人，引进松萝茶制作的先进技术，来改造武夷茶。从此，武夷茶便从蒸青绿茶变为了烘青的武夷松萝。由于武夷山的茶树多为中、大叶种，不同于安徽地区的中、小叶种，其茶多酚含量较高。从坑涧深处采摘的茶青，在挑工翻山越岭的外运过程中，会存在不可避免的颠簸现象。颠簸造成的鲜叶碰撞，必然会使茶青的叶缘发生自然红变。我们试想，工人在崎岖不平的山路上，长时间挑运茶青的过程，是不是已经包含了传统武夷岩茶阳光下的萎凋和摇青两个阶段？因长距离山路挑运而导致的"绿叶红镶边"的鲜叶，其花香更为浓郁的秘密，被寺庙的僧人偶然发现之后，乌龙茶特有的阳光下萎凋及摇青工艺，就在此后反复的实践过程中被模拟出来了。无论在哪个时代，制茶技术的进步，基本都会围绕"去苦涩、增香气、减刺激"等主题去改进的。大约在康熙五十年（1711）前后，隐居在武夷山下的王草堂，在释超全《武夷茶歌》的启示下，在《茶说》一文中，详细记载了武夷岩茶的采摘要求与制作技法，这就意味着武夷岩茶作为一个崭新而又重要的茶类诞生了。

当一个借鉴松萝茶偶然诞生的崭新茶类出现以后，其冲泡方式，必定会受到原松萝茶泡法的深刻影响或左右。在明末，闵老子独创的松萝茶（闵茶）的冲泡技法，无疑是影响巨大和名列前茅的。否则，闵老子别出心裁的制茶、泡茶技法，不可能会受到董其昌、陈眉公、阮大铖、张岱等名流的集体推崇和赞美。闵老子去世之后，张岱在写给好友胡季望的信中，曾不无感慨地说："金陵闵汶水死后，茶之一道绝矣。"优秀的东西，哪有那么容易消亡的？一个新技术的传播，大概率是靠模仿来实现的。闵老子的"茶之一道"，润物细无声，一定会随着松萝制茶技术的不断传播，而被同时布散到更远的地方。令张岱意想不到的是，闵

武夷山的大红袍母树

汶水的"与俗手迥异"的择器观与独特的泡茶技法，通过黄山的僧人，在武夷山传授松萝制茶技术改进武夷茶的同时，也会影响到武夷山区的僧人。一个茶类制法的技术革新，必然会带来其泡法的相应变革，这是毋庸置疑的常识。

乾隆五十一年（1786），71岁的诗人袁枚，从南京来到武夷山游玩。在武夷山的幔亭峰、天游寺诸处，他目睹了僧人、道人皆用小如香橼的茶壶泡茶，用似核桃大小的茶杯争相向他献茶的一幕，彻底改变了袁枚此前的"余向不喜武夷茶"的认知。武夷山的僧人和道人们，用精湛的工夫茶技法，冲泡武夷岩茶，给袁枚带来崭新、美好的愉悦体验。曾经用巨壶大器冲泡武夷茶的"浓苦如饮药"，待换个泡法之后，竟然变成岩骨花香、舌有余甘、人间至味。为此，他以诗人的敏感，把自己的全新认知和品饮感受，写进了隽永的武夷《试茶》一诗。其中有："道人作色夸茶好，瓷壶袖出弹丸小。一杯啜尽一杯添，笑杀饮人如饮鸟。"随园主人袁枚，进士出身，阅历非凡，审美情趣高雅，是个见过大世面的才子与美食家，能够让他感到新鲜、好奇、好笑的事物，必然是罕见的。这至少能够说明，在江南包括江南以北地区，还没有工夫茶的传播迹象。以下不多的文献记载，也基本能够证实上述判断。

乾隆三十一年（1766），福建永安县令彭光斗，在《闽琐记》中自述：罢官后，路过现漳州市属的龙溪古镇，在竹圃中邂逅一老者，被请进旁室，地炉活火，烹茗相待，盏很小仅供一啜，待慢慢咽下，香韵沁透心脾。客闽三载，我还是第一次领略到真正的武夷茶的魅力。

浙江钱塘人施鸿保，以幕僚身份在福建生活了14年，足迹遍及闽江的上下游，他以外乡人的独特视角和新鲜眼光，把自己的所见所闻以及福建的风土民情等，一一记载到他在咸丰八年定稿的《闽杂记》中。其中有："在漳州、泉州喝茶，茶器皆精巧。壶小如核桃者，叫孟臣壶；茶杯极小的，叫若琛杯。茶以武夷小种为时尚，每两价值银元数圆，饮必细啜久咀，慢慢品味。"在清朝道光至咸丰年间，施鸿保看到的孟臣壶，大小如核桃，似乎要比乾隆五十一年、袁枚在武夷山见到的大小如香橼的壶还要小一些。施鸿保、袁枚和彭光斗，三人分别在不同时期看到的茶壶，大小稍有差别；看到的茶杯，其大小基本相似，仅供一啜，皆如鸟笼子里的食饮罐。施鸿保《闽杂记》记载的每两武夷岩茶的价格，是银元数圆。道光十二年（1832）编修的《厦门志·风俗记》记载的一两重的茶叶，有卖价贵至四五块银元的。旧时的一斤是16两，这就基本能够证实，俞蛟在《梦厂杂著·潮嘉风月》所说的一斤上佳武夷岩茶的价值白银两枚，应该是原封未动的白银两锭（小锭银子为50两），否则，他不会惊讶于六篷船上的食用之奢、武夷茶的价格之高。在民国前后，外销大红袍的每斤售价，为60~70块银元。一斤铁罗汉的价格，大约为48块银元。从清代到民国，每块银元的重量，基本在30克左右，那么，70块银元的重量，就基本接近俞蛟所讲的白银两枚。按照当时武夷茶的上述售价，我们就能理解，从清朝乾隆年间的漳州、道光年间的厦门，再到光绪年间的潮汕地区，因深度参与工夫茶的争奢夺豪、彼此显阔，而把自己家业喝破产的人，恐怕不止文献记载的那寥寥数例。

因相互比阔、炫耀性消费工夫茶，而使自己家业凋敝、破产的人，不见得是因购茶这一单一因素，大概率是因为好面子，相互攀比，不惜重金购买了系列不菲的古董茶器导致的。一款茶品质再好、价格再高，呈现出的更多的是人之欲望。而如何去精选承载、表达茶与茶汤的茶器，暴露的却是一个人的审美、品位和圈层实力。《红楼梦》中，贾母去栊翠庵找妙玉喝茶，"只见妙玉亲自捧了一个海棠花式雕漆填金云龙献寿的小茶盘，里面放一个成窑五彩小盖钟，捧与贾母。"妙玉为贾母捧出的雕漆海棠花茶盘与成化官窑盖盅，借用妙玉奚落贾宝玉时说的"这是俗器？不是我说狂话，只怕你家里未必找得出这么一个俗器来呢。"作为王侯之家，如日中天的贾府都难拥有的茶器，而妙玉却有，而且不止一件，是不是已经证明了妙玉曾经的身世地位可能是高于贾府的圈层？明末，张岱到花乳斋去拜访闵老子，在饮茶的过程中，闵老子为什么会带官宦世家出身的名流张岱，去欣赏自己收藏的紫砂壶及精绝的成化、宣德官窑茶碗？其中蕴含的意味不可

说，道理就在于此。

道光二十二年（1842），鸦片战争失败后，清政府被迫与英国签订了《南京条约》，同意开放广州、厦门、福州、宁波和上海五个沿海城市为通商口岸，打破了过去只开放广州对英国、法国、美国等主要西方国家贸易的一口通商秩序。咸丰年间爆发的太平天国战争，阻断了福建和江西的运茶路线。早在乾隆年间，就已经在武夷山的下梅茶市贩茶的晋商，被迫由武夷山改为收购湖南安化、临湘及湖北蒲圻羊楼洞一带的茶叶。五口通商之后，武夷山的茶叶，也不需要再跋涉遥远的水陆绕道运往广州口岸，可以船运由崇阳溪顺流而下，直入闽江，四天即可抵达福州。上述因素的叠加，加剧了武夷山最古老的下梅茶市的快速消亡。由于赤石是武夷山崇阳溪上最重要的码头，因此，在很短的时间内，赤石便由曾经的外运码头，迅速成长为商贾云集的新兴茶市。民国《崇安县新志》记载的"清初本县茶市在下梅、星村，道、咸间，下梅废而赤石兴。"讲的就是这段武夷茶市的兴衰历史。

世间所有的事，往往是此起彼伏。随着晋商从武夷茶区的被迫撤离及下梅茶市的快速衰亡，继之而起的是下府（闽南的福州、泉州、漳州、兴化一带）、广州、潮汕三帮的迅速壮大。由于下府帮最早是由山中寺庙出家的沾亲带故的闽南籍僧人引荐来的，因此，下府帮便很快成长为经营岩茶的主要力量，其实力也位于三帮之首。这也是武夷岩茶彼时主要销于漳州、泉州、厦门、晋江、潮阳、汕头及南洋各岛的原因所在。

　　随着福州口岸的开放以及闽江运输水道的打通，此前在福建汀州、泉州、漳州等地流行的工夫茶，便逐渐波及到了粤东水路运输比较发达的潮州、潮汕、梅州等地区。而负责贩卖、贩运武夷茶的从业者，多为汀州、泉州、漳州、莆田、仙游、潮汕等地的居民。

　　工夫茶，由闽北武夷山区逐渐影响到闽南地区的传播路线，与贩运武夷岩茶的古老的闽粤驿道走向是基本吻合的。康熙六十一年（1722），四十岁的顺天大兴人黄叔璥，去台湾任职，风尘仆仆南下，行走的就是这条路线。他从北京出发，乘船沿大运河、富春江、建溪、闽江到达福州，然后经福清、莆田（兴化）、惠安、泉州、晋江，历经8天的时间抵达厦门。沿着这条古道，再向下依次就是漳州、漳浦（龙溪）、诏安、现广东境内的饶平、潮州、汕头。乾隆年间，彭光斗在龙溪首次品过工夫茶。二十多年后，袁枚也是首次在武夷山的寺庙里见识过工夫茶。乾隆六十年（1795），80岁高龄的袁枚，专程去江苏溧阳，拜访过名儒彭光斗，并引以为知己。不知二人相见时，是否谈起过他们各自首次品饮工夫茶的感受？两人均为深受儒学影响的著名学者，都对工夫茶产生过奇妙愉悦的感受，为什么他们此后的饮茶习惯，并没有接受工夫茶的改造呢？因为在那个时代，他们首先是文人、士人，文人饮茶是把修养、道德放在第一位的。追求个体享乐与感官享受的奢华的工夫茶，在那时，多存在于闽南好面子的商人之间、奢华的青楼以及以烟花丽人闻名的闽、粤之间往返的客船上。

在汀州、梅州（嘉应州）、潮州、汕头之间，由汀江、梅江、程江、韩江等构成的纵横交错的黄金水道，也是工夫茶传播的重要通道之一。俞蛟见到月儿烹制工夫茶，就是在程江的六篷船上。不仅如此，俞蛟在月儿的六篷船的舱壁上，还发现了浙江举人王昙赠给月儿的饮茶诗。游走在汀州与汕头之间的豪华游船，其奢靡程度，是同时代的苏杭消费所不及的。比月儿更出名的濮小姑，有名士风范，曾被当时的文人雅士奉为盟主。凡有雅集，必登小姑舟。广东学政吴鸿，在去梅州和潮州的船上，曾与风姿绰约的濮小姑留下一段佳话。

旧时的水路，即是今天的高速公路。潮汕人进入中原、北京各地，食盐、海产品和洋货等输入闽西及赣南地区，汀州商人把汀州及赣南的特产，经汀江、梅江、韩江运至潮汕，并通过海上丝绸之路运抵东南亚及欧美地区，都要经过福建与广东之间的这条举足轻重的水上交通大动脉。从乾隆年间到民国后期，在这条繁华程度数倍于秦淮的熙熙攘攘的黄金水道上，一定有着数不清的官吏、富人、商人、文人等，在往来如梭的六篷船上，见识、品味、学习、模仿、传播过工夫茶。

行文至此，我们基本可以了解，究竟什么是工夫茶？大致可以这样认为：在清朝嘉庆六年（1801）俞蛟的《梦厂杂著·潮嘉风月》问世之前，工夫茶专指武夷岩茶；在《梦厂杂著·潮嘉风月》问世之后，工夫茶逐渐被约定俗成为武夷岩茶的精细泡法。在今天，人们眼里的工夫茶，与冲泡什么茶类已无多少关联，已经彻底摒弃了过去因商用而携带的奢华基因，走进了寻常百姓家，成为了一种择器精巧、烹饮讲究、具有一定审美高度的闲情逸致的泡茶方式。

泡茶用水，贵在纯净

为了客观、科学、公正地表达茶叶的内质和韵味，建议大家选择用纯净水泡茶。

　　我们知道，二氧化碳是微溶于水的，因此，无论是天上落下的雨水、雪水，还是地层里汩汩渗出的未受污染或未受外来影响的清洁泉水，都会溶有一定量的二氧化碳气体或暂时硬度，而使天然水体呈现弱酸性。二氧化碳气体的存在，使水具足了鲜活性与鲜冽性。此外，地球上的部分湖泊和水库的水，可能会因水中生物体的光合作用和呼吸作用，而使水体偏中性或弱碱性，这种改变，还属生物性的。

　　城镇的自来水，可能会因取水地点的不同而呈弱酸性。原则上，为了避免弱酸性水质可能会对城市供水管网造成腐蚀，在自来水供向管网时，通常都会把自来水的水质人工调节为弱碱性。在我国生活饮用水的卫生标准中，规定的pH限值为6.5~8.5。

　　人体胃液的pH正常值在2~3，故胃液是强酸性的。在日常生活中，即使您喝下去的是弱碱性的水，进入人体的胃部后，也是无法改变胃液的酸性环境的。刻意长期饮用弱碱性水，只会影响

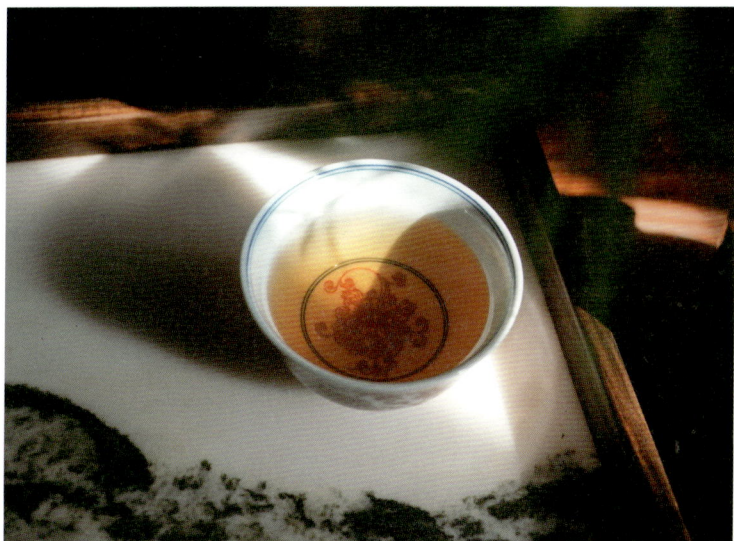

胃液的消化功能。截至目前为止，没有充分的证据能够证明饮用弱碱性水会有益健康，相反，可能会使胃液分泌不足的人群加重病情。因此，凡是强调、宣传饮用弱碱性水有益于人体健康的，都是基于商业目的，这类人不是无知，就是"水盲"。相反，经常饮用弱酸性的水，不仅不会中和胃液的酸性，而且能够减轻胃肠的消化负担，强化食物的营养吸收，起到一定的杀菌消毒作用。值得注意的是，致病性的大肠杆菌、副溶血性活菌等致病微生物，喜欢偏碱性的体液环境，假如人体过量摄入偏碱性的水，反而有助于病菌的滋生和培养，损害自己的身体健康。2018年，"酸碱体质理论"伪科学的始作俑者美国人罗伯特·欧·杨的养生骗局被戳穿，并因无照行医和兜售伪科学等罪名，被圣地亚哥法庭处以巨额罚款高达1.05亿美元。2010年的央视3·15晚会，曾对"碱性水祛病强身骗局"进行过详细曝光，市场上由资本抛出的所谓"碱性水有益身体健康"的营销噱头，其实是一场没有任何科学依据的骗局。

茶汤是弱酸性的，pH值在5.5～7之间，这是毋庸置疑的。要想原汁原味地去表达茶的真香、真味，最关键的就是不能人为地去改变茶汤的pH值，即不能用弱碱性的水去泡茶，这对于爱茶人来讲，是一个基本的常识问题。

水质对茶汤的影响因素，主要包括水的pH值、硬度（钙离子、镁离子）、二价铁离子与三价铁离子等。因此，要想把茶泡好，这三大重要指标，必须要牢牢记住，时时要控制好。

茶汤中的pH越低，茶多酚就会越稳定。使用pH值＞7的偏弱碱性水泡茶，会改变原有茶汤的弱酸性，加速茶多酚的氧化及维生素C的降解，使茶汤的明亮度下降、汤色变深及香气减弱，会破坏茶汤的鲜爽度与柔顺感，甚至还会出现异味、陈味等。若泡茶用水的pH＞8.5，茶多酚易氧化褐变，咖啡碱的浸出量偏低，会使茶汤滋味淡薄，鲜甜感下降等。尤其是用偏弱碱性的自来水、家庭过滤水等，来冲泡高等级绿茶，导致的汤色加深、香气减弱、滋味寡淡、陈闷的劣质感受，我相信大家都曾经历过。

茶多酚是茶汤中含量最高、也是非常重要的品质成分，它对水中的铁离子尤其敏感。不论是二价铁离子还是三价铁离子，遇到茶多酚都会发生颜色反应，生成不溶于水的蓝紫色或蓝黑色的酚铁络合物沉淀。国家生活饮用水的卫生标准中，对铁离子的含量要求是，不能高于0.3mg/l。当水中的铁离子大于0.1mg/l时，茶汤的色泽就会逐渐变暗，滋味和香气也会随着铁离子含量的升高而渐趋寡淡，甚至会产生金属的粗涩味。过去我们不喝过夜的茶，就是因为水质中可能含有一定量的铁离子或氯离子，会使茶汤表面形成一层影响视觉的铁锈色。

我国生活饮用水的水质硬度标准要求≤450mg/l。钙离子、镁离子是饮用水中的常见离子，其浓度的高低，不仅影响着水的硬度，而且会影响着水的滋味。如果水质偏甜润，说明该水质的离子浓度低；如果水味偏苦涩，说明水中的离子浓度偏高，如海水、盐碱水等。假如水体的矿化度太高，总盐大于$1\sim3g/l$，水就会微咸。

当水中的钙离子$\geq40mg/l$时，其中的钙离子，不仅会与茶汤中的酯型儿茶素、咖啡碱、氨基酸、糖类等发生络合沉淀，严重影响到茶的汤色、香气、滋味、厚度、清透及其韵味，而且硬度偏高的水，其中的钙离子也能与茶汤中的草酸形成不溶性的草酸钙沉淀，影响着茶汤的清澈度与观感。与纯净水相比较，若使用天然的矿泉水去泡茶，大概会使儿茶素和草酸的浸出量降低50%左右，从而会使茶汤产生寡淡感。

用绿萼梅窨制的萼绿

不仅如此，当水中的铁、铝、钙、镁、铅、铬等任何一种离子过量时，都会导致茶汤的香气改变、滋味苦涩、茶汤寡淡等。尤其是铁离子，对茶汤的影响和敏感度最大。当水中铁离子的浓度≥5mg/l，茶汤就会变为黑色。

绿茶等不发酵茶的汤色，主要是黄酮呈现出的黄绿色，故对铁离子、钙离子等超标引起的汤色变化不太敏感。

对于发酵茶类，尤其是红茶，茶黄素对红茶的汤色、滋味、鲜爽度、茶汤的亮度等，有着极为重要的影响。水中的铁离子，不仅能与茶多酚发生化学反应，生成蓝紫色的沉淀，而且也会与茶黄素发生反应，产生蓝黑色的沉淀，严重影响着红茶的汤色、香气与滋味的表达。

从黄茶、白茶、乌龙茶到红茶，随着茶叶氧化程度的增加，水中的离子含量越高，如钙离子、镁离子、铁离子等，茶汤中生成的沉淀就会越多，茶汤的滋味就会越偏苦涩、单薄，乃至乏味。陈化经年的老茶、普洱茶的熟茶等，茶汤的色泽以茶褐素为主的，受其影响，趋于减弱。

纯净水经过了多道过滤和反渗透等处理工艺，去除了水中可能影响到茶汤品质的绝大部分杂质和离子，其硬度一般在1mg/l以下，pH值在5～7之间，电导率≤10us/cm。其中，电导率数值的高低，反映的是水质的纯净程度。为了更直观地了解水质对茶汤的影响程度，建议大家花几十元钱，买个电导率计，亲自测量一下身边常见的几类水的水质，就会很直观地得出应该怎样择水泡茶的正确结论。通过长期的品茶实践，个人认为：当泡茶用水的电导率≤20us/cm，该水质对茶汤不会产生太大的影响，可以放心使用。

综上所述，我们在泡茶时，为了客观、科学、公正地表达茶叶的内质和韵味，建议大家选择用纯净水泡茶。既可选择各地区有保障的厂家生产的大桶纯净水，也可购买超市里的怡宝、娃哈哈等品牌的纯净水。

无论在何时、何处泡茶，当您发现所泡的茶，存在茶汤变暗、茶汤浑浊、茶味寡淡、香气不扬等现象时，首先要考虑到，是否是水质对茶造成了影响？此刻，应首选纯净水，去重新再泡一下该茶，仔细比对一下换水前后的效果，答案往往会不言而喻。其次，还要把泡茶使用的烧结温度不高的紫砂壶或陶壶，及时换成高温瓷质的盖碗，再去比较一下更换器具前后的差别。当您及时调整了水质和茶器，排除了影响泡茶的这些主导因素以后，我相信，每个人都会把茶泡出自己满意的效果来，都能够客观、准确地表达出好茶该有的色香味韵。泡茶其实很简单，至少比炒菜要容易很多，只是很多人被故弄玄虚的所谓"茶人"洗脑久了，缺乏了把茶泡好的自信心而已。

在选择泡茶用水时，还要注意一点，当下很多家庭与小区供应的所谓净化水，可能是硬度、铁离子等含量较高的过滤水，可

以用电导率计去测试一下，看看其数值是否≤10us/cm。千万不要错误认为，它一定是纯净水。仅仅通过超滤设备获得的水，水质硬度与离子浓度偏高，可能会严重影响到茶汤的色泽、香气、滋味及清透度等。

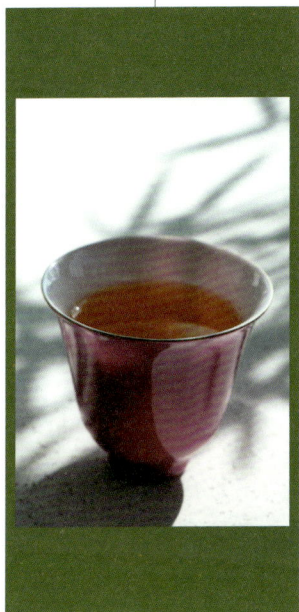

破除神秘，简单泡茶

只要把控好茶汤的适口浓度，尽可能地提高水温，把茶的香气挥发出来，瞬间您就变成一位泡茶高手。

我们每个人泡茶，都需要一个合理、舒适的平面，即通常所说的茶席。这个茶席的平面尺寸，究竟需要多大呢？科学、合理的平面尺寸，不是由哪个人可以主观定义的，从本质上看，它是由泡茶人（以下简称席主）自身的工学尺寸决定的。

当我们坐着泡茶时，席主的左手和右手，分别向左、向右的舒适伸展幅度为0.5米左右。我们身体的宽度，一般不会超过0.5米。这就决定了一个茶席的合理长度，应该在2米以内。席主与席前的客人，在分茶与取、递茶杯时，各自胳膊向前伸展的舒适距离，最大也不会超过0.5米，由此决定了一个茶席的最佳宽度，不宜超过1米。

茶席上凳子的高度，应该如何确定？我们知道，健康、合理的坐具高度，应当使坐者的大腿与地面保持水平，小腿与地面垂直，即小腿与大腿呈90°的自然直角，双脚平稳地安放于地面上。若是坐具太高，则会两腿悬空，不仅压迫大腿血管，而且膝关节也易患慢性劳损等；若是凳子太低，则会导致坐姿前倾，压迫内脏器官及腰椎等。由于泡茶、品茶活动的特殊性，需要长时间相对安静地坐着。而久坐，本身又是对人类身体健康不利的。因此，如何恰当地选择坐具高度，会直接影响到我们的身体健康和疲劳程度。坐具的最高点，应刚好位于膝盖骨偏下方的位置。对于大部分人来讲，坐具的合理高度，应在0.4～0.44米之间。而坐具的高度加上0.3米，即为符合人体工学原理的桌子高度，这就决定了一个茶席的舒适高度，应在0.7米左右，才能使人体的上肢舒展自如，轻松自然地完成泡茶、分茶等活动。

综上所述，一个科学、合理的茶席尺寸，应该长度不超过2米，宽度不超过1米，高度大致在0.7米左右。

当茶席的平面确定了以后，就要确定泡茶器（盖碗或壶）的位置。对大多数人来讲，右手比左手要灵活许多，因此，我们习惯上是用右手来泡茶的。我们的右手，长在身体的右侧，这就决定了泡茶器最科学、合理的位置，应该在身体中线的偏右、前方。为避开泡茶器运行的动线，允杯（公道杯）的最佳位置，应安放于泡茶器右前呈45度角的方向。茶杯排列应呈直线或环形，依次布置在靠近客人一侧的位置。茶席上的茶杯，要尽可能地紧密排列，通过个体的不断重复，容易产生独特的韵律美及构成茶席上与其他茶器之间的疏密有致。

我们每一个人都具备左、右两只手，因此，最科学、最合理

的泡茶方式，应该是双手协调并用，左右开弓。具体为：以较为灵活的右手为主，去完成泡茶、分茶等精细动作；以左手为辅，去完成注水等力所能及的工作。品茶是轻松惬意的享受，而长时间久坐并专心泡茶的席主，其实是很累的，此时，必须协调好自己的身体与泡茶动作的一招一式，才能有效预防颈椎、腰椎、肩肘关节等职业病的发生。因此，我们在泡茶时，最理想的状态为：两手必须分工明确，有主有辅，千万不要像有些蹩脚的茶艺师那样，所有的泡茶动作，都费力、别扭地用一只手去完成。建议大家，在左手提起烧水壶向泡茶器注水的同时，右手伺机持盖碗（茶壶）看汤出汤，这样，既能很好地保持身体与左右肩的平衡，泡茶动作的衔接行云流水，又能做到随时、瞬间出汤，对茶汤浓度的把控，完全可以达到随心所欲的境地。尤其是对于一款茶的前几水，出汤时间需要稍快一点，待茶汤从盖碗（茶壶）里全部倾尽到允杯内之后，再把左手持有的烧水壶归回原位也不迟。做好任何一件事，都需要坚持。耐心地多练习几次，待一手注水、一手出汤的良好泡茶习惯形成之后，此举对于自己的身心健康及泡茶水平的快速提高，一定会大有裨益的。

当下，本来很简单的泡茶方式与泡茶常识，已经被一些利益团体与江湖人士故意神秘化、复杂化和扭曲化了。我经常讲，只要您初中毕业，您就会明白，从本质上讲，泡茶其实是初中化学里最简单的溶液制备问题，茶是溶质，水是溶剂。茶泡得好喝不好喝，是个溶液制备的浓度问题；香气高扬不高扬，是一个水温高低的问题。因此，我们在泡茶过程中，只要把控好茶汤的适口浓度，尽可能地提高水温，把茶的香气挥发出来，瞬间您就变成一位泡茶高手。

影响茶汤滋味最大的两个变量，是苦味和涩味。在茶汤保持一定细滑度与黏稠度的前提下，如何调控好茶汤的苦味与涩味，就需要科学地理解与把握好投茶量、出汤时间、泡茶水温等要素之间的相互关系。

茶叶的苦味和涩味，分别是由茶中的咖啡碱和茶多酚决定的。通常来讲，茶的芽叶越嫩，其咖啡碱、茶多酚的含量会相应越高；茶树的大叶种、中叶种、小叶种所含的咖啡碱与茶多酚，是随着茶树由大叶种向中叶种、小叶种的进化，其含量是依次降低的；夏秋茶的咖啡碱、茶多酚含量一般是高于春茶的。

基于上述认知，我们可以有的放矢地去预估自己所需的投茶量，无论是六大茶类中的哪种茶，其投茶量，首先是由茶叶的嫩度决定的，与它是什么茶类没有关系。以容量为110～120毫升的盖碗快速出汤为例，若茶叶的外形为单芽茶或一芽一叶，冲泡时可投茶3克左右；若是一芽两叶至三叶，可投茶4克；不含芽头、叶片较为成熟的老丛类，可投茶5克。假如是焙火程度较高的乌龙茶类，可投茶7～8克。否则，可能会导致茶汤偏于苦涩。若是茶汤呈现出明显的苦涩滋味，必定是茶汤的浓度偏高了。此刻，

最简单有效的办法，就是直接向允杯内的茶汤中注入沸水，调整到自己能够接受的最佳滋味为止。当发现上一水的茶汤偏浓了，待再出汤时，一定要有意识地加快出汤速度，甚至秒出。四水之后，茶的内质会下降很多，此后，可以放慢出汤速度，以保证茶汤滋味、浓度的连续性。

泡茶的出汤时间，明显制约着茶汤浓度的高低。由于每个人的口腔敏感度各异，每个人对茶汤浓淡、苦涩滋味刺激的承受度均不尽相同。因此，即使是对同一杯茶汤的浓度判断，不同的人也可能会存在着一些分歧，这很正常。不过，在平时的饮茶中，我们还是提倡喝淡茶。适当淡一点的茶汤，滋味更温和，气韵更清雅，又不容易伤及胃肠，何必求浓呢？明末，许次纾在《茶疏》中讲得比较直接。他说："或求浓苦，何异农匠作劳？"饮茶的浓淡，在不影响身体健康的前提之下，是没有对错之分的，却关系着个人对茶之审美、趣味的高下。

在泡茶出汤时，一般前三水可出汤快些，甚至在左手持烧水壶完成注水后，右手持有的泡茶器可瞬间出汤。待完成出汤后，再把左手持拿的烧水壶归回原位。自第四水后，可根据自己口腔对苦涩度的承受能力，适当延长出汤时间。若是紧压的黑茶类、白茶饼等，第一水的出汤时间可稍稍延长几秒。

泡茶不需要多么高深的技术和技巧，当您明白了其中的茶理，把茶泡好，基本就是卖油翁的"惟手熟尔"。熟能生巧，若是经常泡茶，对六大茶类熟悉了，大概就能明白，茶汤的颜色深浅与茶汤浓度之间，还是存在着一定的对应关系。鉴于此，在泡茶时，可以看汤出汤，根据汤色的深浅程度，去判断自己恰当的出汤时间。在具体操作中，可先持泡茶器稍稍倾出一点茶汤，若是茶汤的颜色稍浓，可快速出汤；若是茶汤色泽稍淡，可控制泡茶器缓缓出汤，以出汤时间的延长，来换取茶汤浓度的增加。假如不小心把茶汤泡得过浓了，根本勿需担心和恐慌，按此前所说，直接在允杯内加入沸水，调节至汤色恰当为止。平凡的人生，已经足够苦涩了，何必再去把茶泡得那么浓呢？

茶叶内含物质在水中的溶解度，是随着水温的增加而增加的。也就是说，使用高温水泡茶，可能会增加茶汤的苦涩度。对于高等级绿茶来讲，春茶中含有较多的茶氨酸，茶氨酸的鲜甜滋味，可以很好地抑制、平衡茶汤的苦涩滋味，使茶汤滋味鲜爽、五味调和，饮后令人身心怡悦，穆如清风。但是，对于茶氨酸含量较低的夏、秋茶，若使用高温水泡茶，会使茶汤尖锐的苦涩滋味暴露得更加明显。这也是很多人不敢用高温水泡茶（夏、秋茶）的根本原因。

茶叶中的香气物质是挥发性的。要想准确表达出茶的真香、真味及茶的高级性，建议大家一定要采用沸水泡茶。好茶不怕烫，能否经得起高温冲泡，是检验一款茶的品质是否优异的试金石。其实，大家根本不用担心高温水会烫坏茶叶。春茶生长慢，

叶片厚实，芽尖层层包裹若竹笋状，是完全经得起高温水的考验的。我在山东曾做过很多次测试，若是在夏季无风的炎热天气，当把沸水注入盖碗或紫砂壶内泡茶时，其泡茶器内的最高水温是很难超过95℃的。若是在有风的天气或者是在冬季，泡茶器内的水温还会比夏季无风条件下更低一些。若是在高海拔地区呢？海拔每升高300米，水的沸点还会下降1℃。因此，对于香气较高的茶，尤其是乌龙茶类，无论在哪里泡茶，都要尽量选择一个能避风的位置，还要尽可能地通过降低注水高度，以期保持较高的水温，才能把茶的香气和韵味发挥得淋漓尽致。这也是潮汕工夫茶在泡茶前，用沸水烫泡茶器、烫茶杯，在分茶时不用匀杯过渡、茶杯选薄壁的根本原因所在。

一以贯之，美学过程

若是用心去冲泡、品味一杯茶，那么，我们整个的泡茶、品鉴活动，就是一个审美过程，同时也是一个美学过程。

　　假如我们泡茶、喝茶，仅仅是为了满足解渴，没有更高的要求，就可以随心所欲，怎么舒服怎么来。但是，如果涉及品鉴，就必然会触及到美、审美和艺术层面。我常常说："若是用心去冲泡、品味一杯茶，那么，我们整个的泡茶、品鉴活动，就是一个审美过程，同时也是一个美学过程。"

　　假若在闲暇之时，用心地去品一款茶，或是去参加一个节气茶会，或是约三五知己共品几款好茶，首先要做的是，根据不同的季节、不同的人群、不同的环境、不同的心境等，如何去选择更为适宜的茶品？当茶品确定以后，就要考虑选用哪种材质、容量多大的泡茶器和茶杯为最佳？允杯是选择透明的玻璃材质，还是能够形成色彩对比的单色釉瓷？允杯的高度与口径，是否与泡茶器、茶杯的组合协调？席布在不同季节茶席上的搭配，能否给人带来清凉、温暖和舒适感？与泡茶的环境、氛围是否和谐？为了表达自己的心境、创意，茶席上的花瓶，应该如何选择？以及如何去插好一瓶绰约多姿、清丽有致的席花？其次，还要根据户内、户外的氛围不同，怎样去选择一套既能表达自己内心，又能与外界环境相得益彰的穿着？借助梨花胜雪、霜林如醉、藓痕残绿、黄花满地等大自然的诗意胜景，如何去表达茶席的主题及映衬出更美的自己，都是值得下一番功夫去反复斟酌的，也是对个人审美能力与审美趣味的考验。

茶席的布置，可繁可简。在这方由人、茶、器、物、境构成的美学空间里，既需要遵循基本的社交礼仪，又需要考虑到人体自身的条件、肌肉和关节的疲劳强度、动作伸展的自如尺度与准确性等诸多要素，来合理确定茶席的基本尺寸。使茶席上的主人与客人，始终处于舒缓自在、随心坐忘的美好氛围之中，并且动作幅度最小，能量消耗最少，疲劳强度最低，从而在轻松愉悦的状态中去体验、感受饮茶之美。

在泡茶前，要先把干茶倾倒至茶荷内，也可茗倾素纸，方便自己与客人欣赏。绿茶的春碧之美、黄茶的秋深之美、白茶的清凉之美、红茶的甜醇之美、青茶的甘活之美、黑茶的醇厚之美、老茶的风霜之美等，都是茶席上别具特色的动人风景。

欣赏完干茶，席主可借助茶则，把所泡的适量干茶，轻轻拨入茶壶（盖碗）内，然后轻柔地提起煮水器，缓缓平稳地定点注水。香气高扬的茶，其注水的高度要尽可能地低一些，以保持水温不被明显降低。苦涩较重的茶叶，可适当提壶高冲，适当降低

些水温。待出汤完成后，要及时打开茶壶（盖碗）的盖子，释放蓄积在泡茶器内的部分蒸汽，并把盖子平稳地安放在盖置上。若是香高的茶类，可迅速把盖子复位，以保持泡茶器内的温度不被明显降低。

在泡茶的过程中，可以通过控制注水速度，来随机调节前四水的出汤时间，也可根据客人的口味轻重，有的放矢地把控好自己需要的茶汤浓度。而后四水的出汤时间，可以适当减细水流，以延长注水的时间；也可在出汤时有意延缓出汤的速度，增加茶叶内质在水中的溶解度，保持每一水的茶汤浓度不被明显降低。一盏茶冲泡得是否五味调和，主要取决于茶汤的滋味与香气；而滋味的协调，与茶汤浓度有关；香气的高低，则与水温有关。调控好了投茶量、水温和出汤时间这三个变量，找到了三者达成的短暂而协调的最佳平衡点，基本就抓住了泡好一杯茶的关键所在。

泡茶出汤结束后，在分茶时，位于身体中线右边的茶杯，要用右手去分茶；靠近身体中线左边的茶杯，在由右手交错把允杯柔美地交给左手后，由左手去完成分茶。分茶的运行轨迹，应是节奏舒缓、自然顺畅的圆弧线。既不允许左手（右手）的分茶移动轨迹越过身体的中线，也不允许双臂及手腕跨越茶席上的任何器具。只有这样，茶席的设计与布置才是科学的、合理的，符合人体工学，实用且美的。

　　欣赏茶汤时，最好选择在自然光下，人造光源是无法准确还原出茶汤的本来色泽的。一般来讲，茶汤色泽呈金黄的，滋味偏鲜爽，刺激性强。茶汤色泽偏红艳的，滋味偏柔和，刺激性小。不同的茶类，随着汤色的不同而呈现出各自的独特风味。茶汤的油亮通透、温润如玉，始终是茶汤美学的最高标准。其汤色从淡白、淡绿、黄绿、杏黄、橙黄、橙红、石榴红到酒红、血珀红等，怡红快绿，精彩纷呈，无不细微直观地反映着该茶的制作工艺、发酵程度、焙火高低和陈化程度等。

　　茶汤入口，啜苦咽甘，生津止渴，令人烦热顿消、身心清凉。泡茶过程中高扬的盖香、幽微的汤香、浓郁的杯底香，到

入口之后的香透齿缝、余香满口，让人身心怡悦、回味不尽。其清香、花香、花果香、花蜜香、奶香、坚果香、焦糖香、松烟香、木质香、陈香、药香等，妙香雅韵，令人沉醉，移人性情。在这个世界上，能明显移人性情、变人气质的，除了品茗，还有读书。

品茶的美好，还不仅于此。我们在品茶的过程中，茶席的形式美、色彩美；茶器的玉质美、釉色美、器形美、韵律美；茶席上偶尔移来的光影、袅袅升起的茶烟、花影、烛影等；茶席及其周边的松风、蕉雨、鸟啼、琴韵、煮水声、炭火爆裂的噼噼啪啪声，注水分茶的水声；席间无意飘落的花瓣、枯叶；茶友们不经

和田玉的玉质美

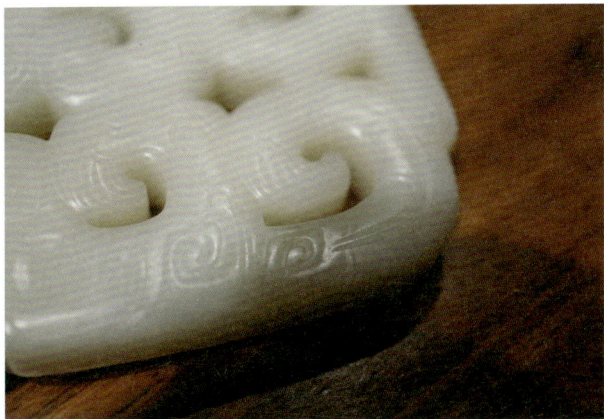

意爆出的隽秀妙语；远处不时飘然而来的草香、花香、果香；席中人被茶汤润泽出的那份清雅别致的气韵；在布席、插花、备茶、煎水、分茶、涤具、收纳的举手投足之间养成的那种气定神闲等，无不渗透、包含、散发着因茶而生的韵致清雅的过程之美。

从布席、起炭、煎水、赏茶、泡茶、分茶到品茶等，一招一式，看似平常，实则是以茶为隔——在以茶之美好、清雅稍稍隔开世俗的同时，也为我们开启了一道传统文化之门，打开了一扇传统美学之窗。

科学饮茶，健康为上

我们在喝茶时，一定要根据自己的接受程度和具体的身体感受，来随机调整自己的饮茶量。

　　近十年来，在国内数百场公益讲座中，我始终呼吁大家：
"喝好茶，少喝茶，喝淡茶。"

　　"喝好茶"，并非是指喝贵茶。好茶与贵茶，二者并不等
同。在目前中国的茶叶市场上，好茶，并不一定是贵茶。而偏重
于商业策划与包装的所谓贵茶，其品质往往居于中等偏上。当
然，金玉其外，败絮其中者，也比比皆是，有必要引起警觉。我
们所讲的"好茶"，是指生态良好、气息纯净、来源清楚、工艺
到位、品质有保证的头春茶或野放茶。在中国人的传统认知中，
细茶宜人，粗茶损人。古人眼中的好茶，是指"细茶"。此处的
"细"，并非是指茶的外形，而是指生态良好、海拔较高、滋味
清甜细腻、香气清雅、茶汤黏稠细滑的春茶。由于春茶中的糖
类、氨基酸、芳香物质等含量较高，这些甘温物质的存在，既可
遮掩、修饰茶汤的苦涩滋味，又能明显减弱茶叶的寒性与刺激
性。而与之对立的"粗茶"，不单是指外形，主要是指茶汤寡淡

粗糙、滋味偏苦涩的夏秋茶。从今天的茶园管理实际来看，夏秋季气温较高，病虫害严重，密植式的人工茶园，不打农药是不现实的。

"少喝茶"，并非是指不喝茶，而是特指通过有意识地控制喝茶的量值，来限制人体对咖啡碱的摄入量。美国食品药品监督管理局和欧洲食品安全局，对健康成年人每天咖啡碱的安全摄入量均建议不要超过400毫克。因此，一个健康成年人每天的饮茶量，按照咖啡碱限量的折算值估算，不宜超过12克，这才是"少喝茶"的真正内涵。

选用不同品种、不同树种、不同加工方式制作而成的茶叶，

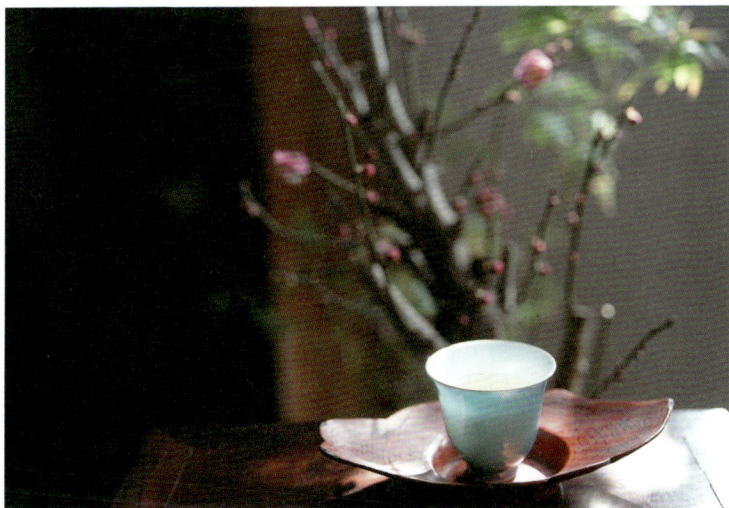

其咖啡碱含量均存在着较大的差异。对于焙火程度较高的乌龙茶类，咖啡碱会因焙火升华掉一部分，故饮茶量可控制在15克以内。但若是咖啡碱含量较高的云南大叶种茶呢，建议每人每天的饮茶量，以不超过10克为宜。由于茶中所含的咖啡碱要依靠人体的肝脏代谢为尿酸，然后借助尿液排出体外，因此，肝脏对咖啡碱的代谢能力，决定了个体饮茶量的不同及对咖啡碱耐受力的差异。对咖啡碱敏感的人，可能稍稍喝一点茶，就容易引起焦虑、失眠和心悸等不适现象。因此，我们在喝茶时，一定要根据自己的接受程度和具体的身体感受，来随机调整自己的饮茶量。

茶中的苦味，主要来自于咖啡碱。茶树合成苦味物质或涩味物质，本质上来讲，是用来保护自己或防止自己被动物蚕食的。因此，苦味往往意味着有毒，并渐渐进化成为动物类的一种预警信号，使动物类少吃或惧吃，以此来提醒自己不被伤害或被毒死。人类的味蕾之所以对苦味敏感，说明人类天生就具备一种对抗毒素的保护机制。但是，当人类意识到某些苦味物质的摄入量不足以对人体形成毒害时，在认知、文化和社会习惯的支配下，人类就敢于去享受某些苦味物质，如茶叶、咖啡、酒精、苦瓜、蒲公英等。

人们习惯或嗜好茶叶的苦味，多为咖啡碱的成瘾性所致。很多人试图摄入更多的咖啡碱来提神或缓解疲劳的认知，是极端错误的。咖啡碱并不能消除疲劳，它只是阻断了提醒大脑产生疲劳信号的腺苷受体，临时关闭了身体识别疲惫的开关，掩盖了身体的真实疲劳程度，让我们误以为自己仍然精神百倍。其实，这种假性清醒下的身体状态，不是舒缓轻松的，而是肌肉僵硬的。当我们在不经意间认同了"喝茶或喝咖啡能够提神"的错误认知以后，茶就会越喝越浓，通过不断地摄入更多的咖啡碱，来维持身体的刺激状态和强打精神。不正常的刺激就意味着消耗，这种日积月累的暗耗，即是李时珍《本草纲目》所讲的"元气暗损"，或是中国传统医学所说的"虚"。经年累月，长此以往，无论是茶，还是咖啡的嗜饮，都会深刻影响到我们的深度睡眠。深度睡眠对于巩固记忆、细胞再生、肌肉修复和整体免疫功能的提高至关重要。对人类健康来讲，没有什么事情能比影响到我们的深度睡眠更重要了。这一点，务必引起高度重视。

喝淡茶，并非是指喝寡淡、没有味道的茶。真正的淡茶，是不刺激、不浓烈，茶汤内涵丰富且细腻清甜，是淡而有味，淡而不薄，淡中见雅趣。好茶，宜淡泡，才能品出真味，悟得真趣。茶若泡浓了，不仅滋味苦涩刺激，而且会成倍放大茶的缺陷。世界上哪有完美的茶与人？每个人都经不起放大镜的审视，何况是茶。任何所谓的好茶，都只是感觉阈值范围内的相对的好。一款茶，若是泡得浓烈了，是难以产生欣悦舒适的感受的。大家都清楚，为什么采取审评泡法的茶，苦涩的几乎难以下咽？其根本原因在于，茶在沸水中浸泡的时间太久，出汤太慢，茶汤太浓且过于刺激。

茶浓香短，茶淡趣长。茶的香气组分，似有"魔法"，不是茶泡浓了，它就一定比淡了更香。我们知道，金萱的关键香气成分吲哚，在浓度高时，表现为刺激性气味；在浓度很低的时候，便表现为明快的花香。还有茶叶中常见的青叶醇，若浓度高时，具有强烈的青草气；低浓度时，则表现为清香的感觉。因此，若茶泡得过浓，可能会同步放大香气中的杂味、火香味和其他刺激性气味，茶的香气就会变得不纯粹，多了烟火气息，少了清雅之气。

《红楼梦》中，贾母宴后带刘姥姥去栊翠庵喝茶，贾母把妙玉冲泡的茶汤喝了一半，余下的半盏递给刘姥姥品，刘姥姥接过后，便一口喝光了，并笑着说："这茶好是好，就是淡了点，再熬浓点就好了。"此处个体口味的"淡"与"浓"，已不仅仅是滋味的差别了，其中彰显出的是个人的审美、趣味、习惯、职业及社会阶层的巨大差别。

自古以来，生长在富贵之地的人，口味都不会太重。敏锐的味觉，是人类在长期的进化过程中形成的一种非常重要且能帮助我们有效避开刺激和有毒食物的一种能力。嗜好喝浓茶的人，意味着自身的味觉不够敏感，需要依赖强烈的刺激，才能感受、辨析出茶中的诸多滋味。例如：吸烟、嗜咸、嗜辣或睡眠不佳的人，其味觉和嗅觉往往会比平常人迟钝很多，故习惯于浓茶而不

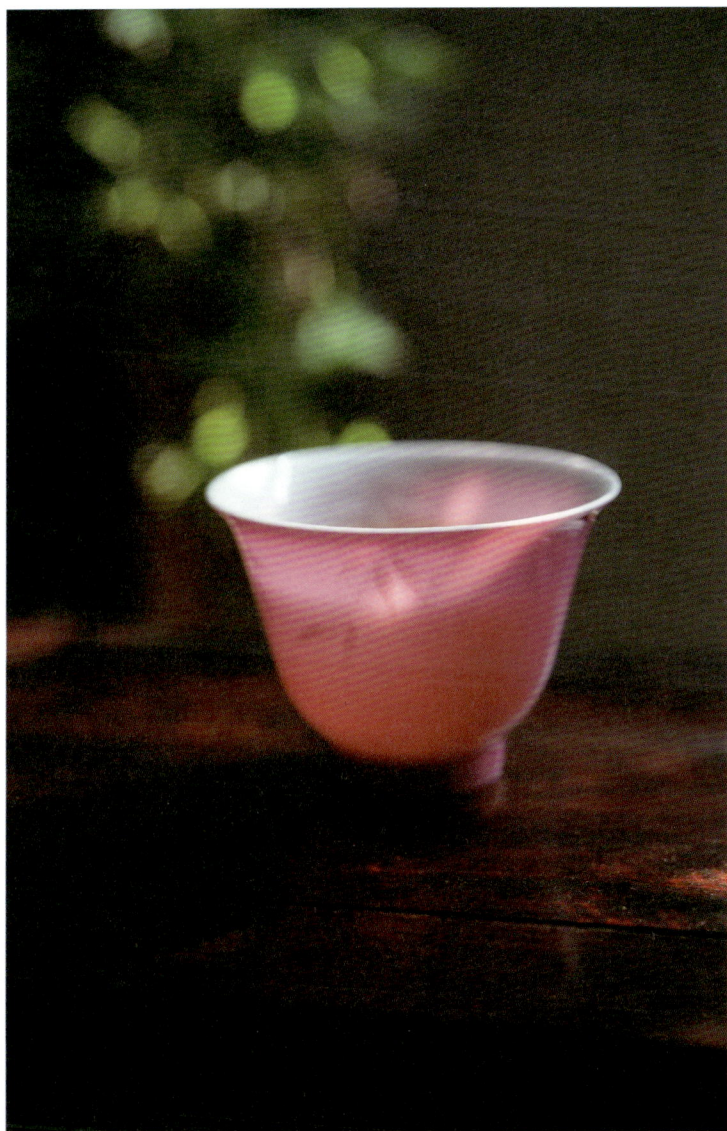

自知。不依赖茶汤的浓强刺激，能从淡茶中品出茶之韵味的人，才是一个感觉正常、身体健康的人，其中也关系着个人审美与品位的高低。这即是"喝淡茶"的内蕴所在。

淡茶温饮最宜人。刚刚从泡茶器中倾倒出的茶汤的瞬间温度，一般会接近80℃左右。人体的食道黏膜比较脆弱，对温度又不太敏感，其耐受的最高温度为50℃～60℃。国际癌症研究机构认为：常饮65℃以上的饮品（如咖啡、茶等），反复烫伤食道黏膜，可能会引发食道癌等疾患。因此，健康合理的饮茶温度，应该控制在60℃以内为宜。而最新的医学研究则建议：健康饮茶的最高汤温以不超过54℃为宜。

茶汤的温度，既不能太热，也不宜太低，建议控制在35℃～54℃。茶汤温度若是太低，则茶香不发，久饮还易造成痰湿体质。适当的酸度和咸度，能够增强茶汤的甜味。人类对甜度最为敏感的温度区间在35℃～40℃。我们经常会对发酵的红茶、乌龙茶和黑茶等茶汤滋味的无常变化感到困惑，为什么热着喝起来非常可口的茶汤，在稍稍变凉之后，茶汤滋味就会变得不平衡、不适口或者出现很明显的酸味了呢？其根本原因就在于，当茶汤温度下降时，会降低味蕾对甜味的敏感度。茶汤温度若是在30℃以下，味蕾对甜味和苦味的感知力会严重下降，对酸味则会更加敏感。

当我们咽下茶汤，一般会在45分钟之内，被胃和小肠全部吸收。茶中最重要的特征物质是咖啡碱。自人类开始利用茶的远古时期，到民国之前，无论是我国的中医著作、文学典籍，还是诗词歌赋，对茶叶功效的描述，都是基于对咖啡碱的认知，而非今天的茶多酚。因此，能否正确认识、理解咖啡碱在茶中的变化及其作用，必将是打开茶叶奥秘之门的一把很好的钥匙。

古代的中医典籍普遍认为：茶味苦、气寒，入手、足厥阴经，宜少饮，否则伤人阳气。足厥阴经是肝经，手厥阴经是心包经。这两条人体最重要的经脉，均涉及咖啡碱的代谢途径和对中枢神经系统的作用。由此可见，古人基于长期的生活实践概括出的对茶叶功效的认知，是非常深刻和准确的。

咖啡碱在《中华人民共和国药典》的记载中，属于中枢兴奋药，味苦，有风化性。当提取咖啡碱作为药物使用时，成年人允许的最大给药量为0.65克。欧盟食品安全局（EFSA）的最新规定是："每人每日摄入0.4克的咖啡碱，不会危及成年人的安全。"这就决定了一个成年人每天的安全饮茶量，最好不要超过12～15克。

咖啡碱能够兴奋人体的中枢神经，促进新陈代谢，使心率加快，加速血液循环等。若常饮浓茶，则会导致心慌、汗出，血压升高等不适现象。饮酒也会兴奋人体的交感神经，导致心跳加快、心率增加，这就决定了饮酒后，尽量不要再饮浓茶。浓茶不但不能解酒，而且还可能会诱发心脏疾病等。

像喝酒、吸烟一样，久而久之，很多人会喝茶上瘾或对茶有一定的依赖性，其原因在于，咖啡碱具有明显的成瘾性。因此，我们在日常生活中，需要适当控制饮茶量与茶汤浓度，尤其要控制咖啡碱含量高的大叶种茶的饮量。

有些人喝茶，会感到心慌或失眠等，其原因在于对咖啡碱的敏感性。咖啡碱的半衰期，大约为3～4个小时。不同体质的人，其表现又各不相同。对于大多数健康成年人来讲，即使在饮完茶的8～10个小时后，体内尚未完全代谢的咖啡碱，也可能会影响到自己的睡眠。若是孕妇，老人、儿童、吸烟者等，咖啡碱在体内的代谢时间还会更久。不仅如此，多方面的最新综合研究认为：

孕妇是不适合饮茶的，尤其是咖啡碱含量较高的浓茶，容易刺激胎动增加，甚至会影响到胎儿的正常发育。老人、儿童、神经衰弱者等，尽量不喝咖啡碱含量高的浓茶或需要控制好自己的合理饮茶量。

咖啡碱能促进人体的新陈代谢，也有直接降血糖的作用。因此，在日常生活中，尽量不要空腹喝茶，也不要长期食用那些高油、高糖等不健康的所谓的茶食品，否则，会诱发低血糖或糖尿病。

适量饮茶，咖啡碱能够促进胃液的分泌，从而提高胃肠的蠕动能力。这即是我们认为的喝茶具有健胃消食作用的根本所在。但是，假如茶汤的浓度过高或过量饮茶，停滞在胃肠中的咖啡碱会对胃肠黏膜形成刺激，容易诱发胃肠溃疡等疾病。因此，患有胃肠溃疡的人群，在疾患未痊愈前，尽量不饮茶或少饮茶。

浓茶里的咖啡碱，具有强大的利尿作用。适量饮茶，通过咖啡碱的利尿作用，及时排泄掉体内代谢产生的各类废物，能够明显降低肾结核、肾结石等疾患的发病率。假如饮茶过量，不但会减少肠道对钙的吸收，增加尿钙的排出，而且也会因利尿过度，引起口渴、便秘等现象。有数据表明，饮茶后的排尿量与不饮茶相比，提高了1.5倍左右。由此可见，在我们的日常生活中，因缺水而口渴时，应当先喝水，以有效补充体内水分，然后再饮茶，方为健康之举。

　　人体的胃排空时间，自进食后5分钟开始启动。食物中的糖类，在胃中停留1小时左右，而蛋白质类则要停留2~3个小时。为保证饮食的充分消化与胃的正常蠕动，饭后即使饮水，尽量在30分钟以后。若要饮茶，至少应在2个小时以后，才能保证蛋白质的充分消化与吸收。茶汤作为流体，在胃的停留时间很短，10分钟左右基本可以从胃内排空，半个小时左右能够到达膀胱。为保证胃液不被稀释、中和而影响消化，饭前半小时内，还是建议不要饮茶。

　　从上述可知，酒足饭饱后，不宜立即喝茶。一定量的茶汤，可能会冲淡胃液而影响消化。倘若长期如此，茶多酚会影响到人体对蛋白质与矿质元素的吸收，可能会造成营养不良现象。茶多酚的抗氧化性，能够通过降低过氧化物，保护肝脏或促进肝功能的恢复。但是，如果控制不好恰当的饮茶时间与饮茶浓度，摄入过量的茶多酚，同样也会损害到肝脏的健康。其本质原因在于，茶多酚影响了蛋白质的吸收，逐渐会造成肝脏的长期营养不良。肝脏的营养不良或过量饮茶造成的缺钙，都可能会影响到人体的脂类代谢，从而引发人体发生说不清、道不明的虚胖。

茶器选择，实用且美

不同的阶层和不同的群体对茶有着不同的审美标准和追求，这很正常，只要健康、好喝、喜欢，就足够了。

茶具一词最早出现在汉代，西汉王褒《僮约》中有"烹茶尽具"的说法。

唐代，在陆羽的《茶经》问世之后，茶器、饮食器及做茶的工具才有了明确的区别。唐代煎茶的茶汤是呈红、白两色的。呈现出的红色，是儿茶素在茶饼的制作、运输、煎茶时炙烤和煮沸等过程中，氧化生成的茶黄素、茶红素等水溶性色素的颜色；白色指的是，在煎茶的搅拌、煮沸过程中产生的气泡及茶皂素产生的泡沫的混合物。茶汤的泡沫，在唐代又叫沫饽。古时由于科技水平与认知的局限，古人误把茶汤中的泡沫（汤花）当做是茶汤的精华。即使是茶圣陆羽，也未能免俗，因为很少有人能够跳出历史的局限。陆羽在《茶经》中明确地说："沫饽，汤之华也。"陆羽有此认知，很明显是受到了前人的影响。东汉壶居士在《食忌》写道："苦茶，久食，可令人羽化成仙。"东汉至三国年间的《桐君采药录》也持如此观点，其中有："茗有饽，饮之宜人。"

唐代蒸青绿茶煎出的茶汤，呈现红、白两色，这对汤色黄绿的绿茶类是非常尴尬的表现。因此，陆羽在《茶经》中说："不宜用邢州的白瓷碗喝茶，茶汤会被衬托得更红；也不能用寿州的黄瓷碗盛装茶汤，它会让茶汤显得偏紫；选用越州的青瓷碗，能把茶色衬托得更绿，也最符合时代对绿茶的审美要求。"况且，从釉色上看，邢瓷类银、似雪，越瓷类玉、类冰；从结构上看，陆羽只描述了越瓯的形状，其口沿呈直口或敞口状，不像邢窑的口沿上凸起一道类似嘴唇的厚边；底部的圈足外撇，容量在半升以下。按照陆羽的审美标准，越瓯与岳州窑的碗一样，无论是釉色还是器型，都是当时最理想的饮茶器。

越瓷的类玉，其中的"玉"，是指中国传统的和田玉。和田玉以其天生的温润以泽、精光内含、高贵典雅、结构致密等特征，成为后世中国传统器物美学的最高标准。和田玉特有的油润、脂粉感，不像翡翠的玻璃感那么通透。介于微透或半透之间的和田玉，发散出的光芒，是柔和的，不强也不弱，与人容易产生亲近感。

陶器虽然出现得较早，可以追溯到新石器时代，但是陶器的质地并不具备和田玉的凝脂感。因为陶器的烧制温度，通常在800℃~1100℃之间，而瓷器的最低烧成温度在1200℃以上。烧造陶器所用的陶土，是岩石风化后沉积下来的黏土，含铁（杂

温润以泽的和田白玉

质）较多，耐火度低，烧结后呈铁红色或浅咖啡色，硬度较低。而瓷土是岩石风化分解后形成的较纯净黏土，含铁极少，耐火度高，烧结后呈白色，硬度高。瓷土中含有的长石，在烧造温度达到1240℃时，会完全熔化成为液相。液相的粘滞流动和表面张力的拉紧作用，使它可以有效地去填充坯体中的孔隙，于是，坯体就会变得更加致密和光洁，这就是所谓"瓷化"。我们喝茶选用的细瓷器的吸水率，一般不能大于0.5%。瓷器的这种低吸水率，一方面取决于坯体的"瓷化"程度，另一方面也与坯体的釉面"玻化"相关。

瓷器釉面的"玻化"，是指窑炉内釉料中的各种矿物质在炉温达到1240℃~1300℃时开始熔化，熔化物渐渐渗透、填充到胎体的缝隙中，经冷却后产生的一种玻璃化的视觉效果。熔化的矿物质越多，冷却后的玻璃化程度就越高。陶器的烧结温度低，既无法实现坯体的"瓷化"，以提高胎体的致密度，也无坯体表面施釉后的"玻化"，以隔绝水分子的渗透。因此，陶器的结构偏疏松，吸水率大于15%，既可吸附茶汤，又因坯体结构中存在的缝隙，可能会造成茶器的微渗或明显吸附茶汤中的香气。很多人使用陶器泡茶、喝茶，发现茶的香气会明显减弱，原因就在于此。当日益轻巧致密的食、饮类瓷器出现以后，淘汰掉的不仅有粗放、疏松、透气的陶器，还有重量较大、设计精美的青铜器。这也是我们在博物馆内很少见到东汉以后青铜器的根本原因。

静清和烧制的豇豆红花神杯

明代永乐甜白釉高足碗

当古人局限地认为，只有茶汤的沫饽才是茶叶精华的时候，就会格外珍惜和重视沫饽。陆羽煎茶时，先煎水，再投茶。他在分茶时，借助茶勺，小心翼翼地把茶汤酌分到茶瓯中，使每一碗的沫饽都保持均分，且尽量避免汤花的破裂。

为了使茶汤中的沫饽更加丰富，为了使汤花不因酌分而产生破裂，就需要先投茶、再注水，且增加了茶勺或茶筅的快速搅拌频率与力度，于是，以茶汤泡沫细腻丰富著称的点茶技法出现了。点茶与煎茶，从宏观上审视，只是颠倒了投茶的先后次序而已。

宋代点茶，在斗茶时比拼的是茶色的白与汤花的咬盏时间。为了衬托茶色的白和精鉴咬盏的细微，唐代茶瓯的青则益茶，在点茶兴起后，瞬间转变为茶器色泽的黑则益茶。但这还不够，为了便于茶匙或茶筅的击拂、搅拌，为了扩大欣赏汤花的视野，呈盆状或碗状腹浅的茶瓯，变为了口阔、足小、腹深、呈斗笠或灯盏状的黑褐色盏。

宋代以前的酒类，主要为谷物发酵的浊酒、清酒以及水果类酿制的果酒，度数一般不会超过10度。大约在12至13世纪，阿拉伯人首先发明了葡萄酒的蒸馏制酒技术。到了元代，葡萄酒的蒸馏技术才被西征归来的豪爽善饮的蒙古人带到中国。此后，蒙古人便借鉴这个技术来蒸馏奶酒和试蒸谷物类酒。在中国本土酒曲发酵工艺与外来蒸馏技术的完美结合下，40度以上的蒸馏白酒始才诞生。当酒的度数因蒸馏技术的引进而成倍提高以后，假如武松再去景阳冈打虎，他曾经饮下的不超过10度的那十八碗酒，大概率会变成18杯了。饮酒器由大碗变成了小杯，意味着饮酒器在元代以降，随着酒的度数的提高，而逐渐趋向小型化和精巧化。在唐代以前，酒器、茶器和食器，多为共用，不好区分。到了明代，随着蒸馏白酒的日渐普及，酒杯、茶杯和饭碗之间的容量与外观差别，就变得越来越悬殊，茶杯开始比饭碗小了，酒杯也比茶杯小了许多。

杯的前身是"杯"。杯，是双手合捧的意思，如古代椭圆形的耳杯，可双手持耳杯喝酒。当青铜器和漆器在南北朝前后被瓷器取代以后，由于瓷器制作需要拉坯成型，因此，杯子才变成了今天的圆口。没有把手的杯子，又称为盏。我们生活中常见的有盖盏、茶盏、酒盏等。

在粗犷豪放的元代，游牧民族随性恣意、不事雕琢的民风民俗，影响到茶叶的消费和审美趋向，使得民间的蒸青散茶、炒青散茶等渐渐成为消费的主流。平民出身的朱元璋做了皇帝以后，喝不习惯矫揉造作的带有唐宋遗风的团茶，更何况在元代贵族的点茶中，还要加入酥油等腥膻之物，这可能是最令朱元璋难以忍受的。因此，在洪武二十四年（1391），朱元璋与时俱进，顺应茶叶的自然之性，下诏废掉了唐宋以来一直作为贡品的团茶，改为散茶、芽茶进贡。于是，唐宋以降，以碾末而饮为主流的繁琐

的唐代煎茶、宋代点茶，便被更简捷的以沸水冲泡芽茶、叶茶的
瀹饮法取代了。只要手头有茶叶、有容器、有热水，随手把茶叶
投入茶器中，沸水一冲便喝，让品茶、喝茶活动变得简便异常，
更加的平民化和世俗化，极大地推动了饮茶之风的广泛传播。明
代由皇权推动的这种制茶、喝茶方式的划时代改变，同时也翻天
覆地推动了茶器的革故鼎新。

　　明末，文震亨《长物志》评价瀹泡法时说："然简便异常，
天趣悉备，可谓尽茶之真味矣。"沈德符在《野获编补遗》称赞
道："今人惟取初萌之精者，汲泉置鼎，一瀹便啜，遂开千古茗
饮之宗。"对于茶叶的瀹泡法（撮泡法），文震亨讲得尚算客
观。沈德符则有点拍马屁的味道。我在拙作《茶与茶器》和《饮
茶小史》中，对茶的瀹泡法都有系统考证，此篇不再赘述。其
实，在唐代陆羽《茶经》问世前后，瀹泡法在民间不仅存在着，
而且还具有很强大的生命力，只是少人重视罢了。在唐宋以来的
历代平民的茶盏中，除了有茶叶，还增加了可以充饥的干果、蔬
菜以及调味的水果、香草等，这种兼有止渴、充饥的简易的冲泡
饮茶法，被历代的文人雅士尤其是明末的文人，认为是过于世俗
化且市井气太重，影响到了品茶的清雅及真香、真味。南宋诗人
陆游，在他的《安国院试茶》诗后的自注里，也明确记载了散茶
的撮泡法。什么是茶的撮泡？就像我们今天的泡茶方式一样，抓
一撮茶放进瓯盏内，直接用沸水冲泡。为什么这么简单明了的泡

茶方式，在很长的一段时间内，一直没有得到主流社会的关注且推动呢？主要因为撮泡法在诞生之初，撮泡入瓯盏内的不仅有茶，还有能够饱腹的干果、水果、腌菜、姜、盐、花草、香料，等等。在唐代，以陆羽为代表的部分文人，并不接受在煮茶时加入葱、姜、枣、橘皮、茱萸、薄荷等调料，否则，他不会把添加了上述果蔬的茶汤斥之为像沟渠里的废水，也不会把过去的煮茶改造为煎茶。在宋代，以蔡襄为代表的传统文人，同样对茶中杂以珍果、香草等不满意。即使到了明代，以陈师为代表的文人，对杭州民间所泡的茶中杂以花果的撮泡法，同样也充满了不认同和鄙视。有些敦厚的文人则比较温和，他们对此并没有全盘否定，而是对茶中添加的花卉、果实等，提出了宜与不宜之说。从本质上看，历代文人所鄙视的，并不是撮泡这种简单的泡法，他们真正鄙视的，是在茶中掺有了他们认为影响茶之清雅的花果等物。当然，对某些自命不凡甚至假装清高的文人的批评，我们也不必过于在意。不同的阶层和不同的群体对茶有着不同的审美标准和追求，这很正常，只要健康、好喝、喜欢，就足够了。人微言轻。饮茶的雅与俗，在不同的时代有着不同的审美标准。其评判标准，也会受到不同阶层、不同人群所掌握的话语权轻重的深刻影响。

明代初期的汉族文人，对异族统治下的元代的饮茶之风与茶器审美，从内心并不完全认同，他们仍会自发地去接续宋代的遗

静清和精心设计的藕荷色与松石绿单色釉茶杯

风，言谈举止中，更是抹不掉道家思想曾经对饮茶产生的深刻影响。因此，明代初期对茶的审美趋向，仍然是以色泽翠白为贵。随着朱元璋的废团改散、炒青绿茶与烘青绿茶的兴盛及瀹泡法的兴起，明代制茶才开始追求色、香兼顾，对茶叶色泽的要求，又开始恢复为唐代的青翠为胜。为了衬托与准确表达茶色的青翠可爱，明代对茶器的追求，渐渐开始趋向"以小为佳"、"以白为贵"。在工夫茶还没有影响到江南饮茶风尚的明清时代，江南文人追求的茶器的"以小为佳"，是与同时代百姓的日用茶器来比较的。此时的茶杯，容量大约在100毫升。茶壶的容量，按照文震亨《长物志》的记载，大约在500毫升。而茶器的"以白为贵"，主要是指明朝永乐、宣德年间白釉官窑茶盏的价格不菲与珍贵稀有。文震亨认为宣德年间的茶盏，好就好在其料精式雅，质厚难冷，洁白如玉，可试茶色。

我们知道，白瓷是在青瓷烧造的基础上发展而来的。青瓷之所以泛青，是因胎、釉中含有较多的铁元素，在高温条件下还原烧成的呈色。原则上铁元素含量在2%左右，就能够烧成青瓷。铁元素含量如果在6%～8%，就可以烧成黑褐色釉。白瓷，是胎和釉均为白色的瓷器。白瓷的烧成，意味着胎与釉所含的杂质要比青瓷更少，其中，胎、釉中铁的氧化物含量要低于1%，釉色纯净而透明。釉水素雅如玉、胎质细腻、纯净、洁白，始终是历代制瓷工作者的不懈追求。当人们能够获得更纯净的瓷土以及能够控制胎、釉中铁元素的呈色干扰以后，真正意义上的白瓷，到了隋代才得以横空出世。西安苏统师墓出土的透影白瓷酒杯，就是隋代精美白瓷的代表作之一。

纵观人类历史，追溯儒家的传统，历代统治者和文人集团，总是在利用不同的色彩，来标示和固化社会的不同阶层和等级差异。如隋唐以降的黄色，代表着至高无上的皇权，臣下和百姓均不允许用黄、穿黄。无官职、无爵位的平民被称为"白身"。脸被太阳晒得黧黑的农夫，叫做黎民。白色是光的颜色，也是最单纯的颜色，它代表着明亮、纯洁和高尚等，白色意味着能够放下欲望、超越俗世及对道德高尚的追求。白色还被中国道家赋予了"道"的内涵。因此，士人们常选择衣着白色，来展现自己平静素朴与清白无瑕的人生品格。历代文人尤其是明末文人对白色茶器的喜爱，恰恰契合了他们敢于褪下华丽朝服，远离政治纷争，选择隐逸来保全自己，追求"无垢"、清白的生命气质及人生底色。

隐逸，是与出仕为官相对而言的。明末清初社会的激烈动荡、政治的黑暗及科举考试带来的诸多压力，使许多文人雅士，在面对仕途的困窘和政治的凶险时，不自觉地选择了简朴、无为的隐逸生活。"隐"是不寻求认同，"逸"是自得其乐。这类以茶为载体的隐逸生活的形成，与明初宁王朱权耽乐清虚的茶学思想的影响不无干系。由此形成的与上层社会雍容华贵的调性有着强烈对比的淡雅脱俗和素朴简洁，就成为了明末清初文人标榜自我的标签。素朴，意味着减少视觉刺激与内心诱惑，有着道法自然、忠于本心的哲学况味。我们还应该清醒地看到，历代文人的隐居，原本是一种不得已的选择，他们在对物质与精神的双重追求之间，有的人是真隐，甘心淡泊，优游山林；有的人是逃避时局，伺机而动；还有的人，是假借隐逸博得声名。不一而足。

紫砂壶在明末清初受到文人的热捧和追逐，不见得是因为紫砂壶泡茶比瓷器更好喝或更能表达茶的真味、真香，借用明末四公子之一的陈贞慧的话语说："（大彬壶）古朴风雅，茗具中得幽野之趣者。"也就是说，文人喜爱紫砂壶，是因为紫砂壶属于陶器，外观看起来比瓷器更加低调、黯然和古朴，不像新瓷器泛着的玻璃光那么刺眼、有芒。紫砂壶的这种沉静素雅之气、幽野之趣，恰好契合了彼时文人仕子们心隐山林而身在官场的独特的内心追求和审美情趣，此为其一。其二，是紫砂壶特有的栗色暗暗，让江南的文人士大夫在紫砂壶上寻觅到了那种高古的金石趣味。这种类似石鼓、钟鼎、汉魏碑刻的雄浑、古朴、苍茫、陈旧的气息，直到今天也让我们为之沉醉和着迷。在人类长期的审美过程中，能够经受得住时间考验的陈年旧物，往往比新物件有着更高的审美价值与审美趣味。

大约是在明朝正德年间，由闲静有致的宜兴金沙寺僧和宜兴望族吴颐山的书童供春，在金沙寺共同创始了紫砂壶。金沙寺僧

美国大都会博物馆收藏的大彬壶

虽是挑选细缸土手捏紫砂壶的第一人，但遗憾的是，在中国紫砂发展史上，没有留下他的名字与作品，故后世常常把"窃仿老僧心匠"的供春，认为是紫砂壶的创始者。金沙寺僧和供春做出的巨大贡献，不仅在于创始了紫砂壶，更重要的是，他们把紫砂壶从日用陶器一举提升到了具有审美价值的艺术品范畴。

在中国紫砂发展史上，真正能把紫砂壶设计出文人趣味，以之作为可供把玩、陈设的文人玩具，并打开文人消费市场的一代宗师，即是明末的时大彬。曾经擅长制作大壶的时大彬，陪儿子参加院试时，在娄东受到陈继儒、王时敏等文人的启发和影响，此后，他才明白，只有把紫砂壶的容量缩小，愈发精致的小壶，才能契合晚明由董其昌、陈继儒、文震亨等文人主导的古洁、散淡、天然的审美情趣，以及明末文人对精致饮茶生活的追求。当文人的韵致和情趣渗透到造物之美以后，紫砂壶才变成了文人案头寄情格物的雅玩。因此，摆脱了粗陶桎梏而愈发精巧的紫砂壶，始可让人生出闲远之思，悟得幽野之趣。时大彬的娄东游历，掀起了有明一代紫砂壶文人化、小型化的重大变革。自此，蕴含着浓厚文人气息的紫砂壶，迅速撬动了以文人士大夫为主的高端消费市场。正如薛宝钗在《红楼梦》中谈到的做事，"若不拿学问提着，便都流入世俗中去了。"宝钗之言，一语中的。到今天为止，我们很多人喜欢紫砂壶，本质上欣赏的是紫砂艺术基因里携带的文人意趣、古洁不俗及素雅可亲，而非其泡茶有多么的好喝。

紫砂矿料是含有较多铁质、经过地质沉积岩化的、具有晶相砂性的陶土。紫砂壶呈现的以"紫"为主的色调，是氧化铁在高温烧结后的呈色。泥料中的含铁量越高，烧结温度越高，则紫砂壶的呈色就会越深沉凝重。紫砂壶的"砂"，是指二氧化硅，一把合格紫砂壶的含砂量应在50%以上。紫砂壶表面呈现出的特有的珠粒隐隐，更自夺目，即是半熔融状态下的二氧化硅的呈现。由于紫砂壶的烧结温度一般不会超过1200℃，紫砂壶的玻化程度没有瓷器高且明显，因此，紫砂呈现出的光泽，是一种本真的黯然之色，是一种不刺眼的内敛雅光，容易让人产生莫名的亲近感与触摸感。

烧结到位的紫砂壶毕竟属于陶器，其烧结温度一般在1120℃～1150℃之间。而瓷器，是指坯胎的烧结温度在1240℃以上、且水分子无法渗入坯体空隙、吸水率为零的器皿。紫砂器与瓷器相比，其坯体没有瓷化，即坯体没有完全结晶，存在着一定的孔隙率，仍旧能够吸收茶汤和透过气体。紫砂壶的吸水率，依照国家标准，要求在2.5％～6％之间。

孔隙率又称气孔率，它是对陶瓷的多孔性或致密程度的一种量度。陶瓷的孔隙率越高，意味着结构越疏松，其吸水率和吸附能力越强。若陶瓷的孔隙率大于15％，就会造成渗水现象，是不适合作为液体容器使用的。瓷器较高的烧结温度，能够熔融形成足够的玻璃相物质，以此来填充瓷土晶粒之间的几乎所有缝隙，因此，适于作为食、饮器具的瓷器，气孔率通常小于3％。而陶器的烧制温度较低，晶粒接触点之间只形成了少量的玻璃相物质，故陶器坯体并未完全烧结，气孔大且孔隙率高，结构疏松，胎体硬度较差。简言之，陶瓷之间的玻璃相，就像是胶水，"胶水"越多，就会把构成陶瓷的所有晶粒粘接得越结实、越致密，陶瓷的致密度高了，气孔率自然就会低。自古以来，从陶到瓷，随着炼泥技术的不断进步和烧结技术的不断提高，器皿的气孔率越来越低，致密度和玻化度越来越高。气孔率低，是表征陶瓷品质高低和技术进步的标志。胎体致密的瓷器，叩之会发出音质清脆的金属声音。

不同的紫砂泥料，在烧造时的收缩率差别很大。收缩比大，就意味着紫砂壶的变形、开裂等机率高。很多商家为了提高紫砂壶的烧成率，可能会降低炉窑的烧结温度。烧结温度稍欠或烧成窑火不足的紫砂壶，其坯体的吸水率，可能会高达7%以上，轻旋壶盖，会发出沉闷、沙哑的粗糙声响。从本质上看，烧结温度不到位的紫砂壶，与粗陶没有多少区别。紫砂壶的坯体结构疏松或吸水率高，也就是很多经销商宣传、推崇的紫砂壶的透气性。透气性高，就意味着茶器的结构疏松。结构疏松的茶器，就必然会吸收茶汤和吸附茶的香气，这就是市场上很多售卖的紫砂壶泡茶香气较瓷器减弱或不适合作为茶叶审评器具的根本所在。我们需要清醒地知道，过去紫砂壶的出口标准，对吸水率有着明确的规定，要求低于1.5%。紫砂壶的吸水率若是过高，会存在着壶体渗漏茶汤的缺陷。

综上所述，我们要认清一个基本逻辑，结构疏松、孔隙率较大的粗陶，是不适合冲泡高等级茶叶的。这是因为，粗陶是以黏土为基本材料的，烧结温度一般在900℃以下。烧结温度低，胎体颗粒间的缝隙不能被熔化的物质填充，故胎质疏松、硬度低、气孔率高、吸水率高、声音低闷等。烧造紫砂壶的陶土，是一种含铁质黏土质粉砂岩。紫砂的烧结温度，介于普通陶器和瓷器之间，通常在1120℃～1150℃。因此，烧结到位的紫砂壶，结构致密，接近瓷化，但不具备瓷的半透明状。紫砂壶在相对的高温下，"砂"（石英）与金属氧化物能够生成玻璃相的物质，填充在以砂状石英与黏土构成的紫砂壶骨架的颗粒缝隙之间，使紫砂壶在没有被烧变形或烧裂的可承受的温度下，尽可能烧结得结构致密一些，气孔率最好控制在3%～5%之内。

气孔率更低的瓷器，其烧结温度在1200℃以上。细瓷器的吸水率低于0.5%，更高精度的陶瓷气孔率，甚至接近于零。在高温陶瓷的坯体中加入高岭土，不仅能够提高瓷器的强度和白度，减少变形率，而且也能有效提高瓷器的致密度。高温烧结的瓷化程度较高的茶器，其强度、耐磨度和釉面的致密度，都可得到同步强化。在饮茶过程中，高温瓷质茶器釉面附着的茶垢污渍，很容易被清洗干净，且长期使用能够保持光亮如新，也无铅、铬等重金属残留之嫌。使用一段时间后，凡是瓷器釉面附着的茶垢很难清理干净的，多为中低温茶器。

若是兼顾文人的幽野之趣与金石趣味，应该怎样去选择一把适合自己，又能客观表达茶之真香、真味的紫砂壶呢？

我对茶与茶器选择的一贯原则是：健康至上，实用且美。既然紫砂壶属于泡茶器，首先要求所选的紫砂壶，必须出水流畅；壶表面不但要温润如玉，而且要呈现出丰富的砂质颗粒感与层次感，状如橘皮凹凸不平，手摸却光滑平整；局部或多或少会看到一些黑色的铁质熔点及忽隐忽现的云母结晶的银星点点；壶盖转

梨形朱泥壶

动声音清脆；容量不宜太大，取拿轻盈自如。另外，一把好的紫砂壶，还要关注壶体综合呈现出的基本的结构美、线条美、色彩美、肌理美和气韵美等。

对于容量小于150毫升的梨形朱泥壶，我个人一直情有独钟。我喜欢梨形朱泥壶，首先在于朱泥壶色彩的艳而不俗，独有的那份温暖感直抵内心；壶体线条流畅，骨肉停匀，壁薄精巧，玲珑有致；胎体致密，壶盖转动音质悦耳，不弱化茶的滋味与香气。等等。如果兼顾到茶席设计的布局美、色彩美和层次美，竖切面大于横切面的高挑俊美的梨形壶，自然就成为了茶席上的必选之器。美，在于亲近，在于体味。感同身受到朱泥壶在茶席布局上的那份动人之美，自然就理解了近百年来无数爱茶人念念不忘的"手中无梨式，难以言茗事"，绝非是空洞的溢美之词。

在我们常用的泡茶器中，除了茶壶还有盖碗。盖碗的前身，本是过去喝茶的茶碗（茶杯或茶瓯）。古时风沙大，冬季又无很好的取暖设施，为了延缓茶汤变凉或避免灰尘等杂物飘入碗中，便给茶碗加了个盖子，于是，盖碗就出现了。在各地的博物馆中，我们偶尔能看到唐代尺寸较大的银鎏金"盖碗"（或称盖罐），也能零星看到宋代的黑釉与龙泉青瓷的"盖碗"，这些所谓的"盖碗"，至少到目前为止，还无法证实它们一定是用来泡茶的茶器。尽管如此，这种"盖碗"形制的存在，有可能会对明代前后出现的茶碗加"盖"产生过一定的影响。早期用于喝茶的盖碗，其口沿多为直口的。即使稍有撇口，其撇口也不像今天专门用于泡茶的盖碗那么大。在很多遗存的写实满清贵族茶生活的老照片中，常出现一人坐在茶几旁，几上一把紫砂壶与一个直口盖碗并列陈放的情景。老照片中的一人、一几、一壶、一碗，能够充分证明，紫砂壶是泡茶器，盖碗是彼时的专用品茶器。

包括底托、碗体、盖子三部分的三才盖碗，大约是在清朝中后期出现的。为避免喝茶烫手，在唐代中后期发明了隔热良好的木制茶托。从宋辽至明代，多见单个茶碗与漆器茶托的组合；清朝中后期的盖碗，多见带盖的单个茶碗与锡制（铜制）茶托的组

胭脂红、苹果绿、柠檬黄单色釉盖碗

合。民国前后，随着盖碗茶在北京、天津、四川、江南一带茶馆或戏院等处的流行，价格低廉的瓷质茶托与带盖茶碗的三才瓷质盖碗组合，才开始在社会中下层流行起来。那时盖碗的瓷质茶托，在其中心位置有个凹陷的承口，恰好与盖碗底部的圈足相吻合。今天常见的瓷质茶托，通常呈浅盘状，与过去的结构大相径庭。

民国以降，尤其是在20世纪70年代以后，随着工夫茶在国内的广泛传播，彼时曾经专门用来喝茶、品茶的盖碗，慢慢转变成为泡茶的专业器皿，并在某种程度上替代了孟臣壶的位置。为了避免泡茶出汤时的盖碗烫手，盖碗的撇口才随着其使用功能的改变而逐渐变大。从某种意义上讲，高温烧结的瓷质盖碗，因胎釉致密，吸水率接近于零，是最方便与最能客观表达茶的色、香、味、形、韵的泡茶利器。梁实秋先生在《喝茶》一文中说："盖碗究竟是最好的茶具。"此语确实是懂茶人的真知灼见。

盖碗，出汤快捷，便于热嗅茶叶的香气，是爱茶朋友的万能泡茶器。很多人不习惯使用盖碗泡茶，大概困惑于盖碗不好驾驭或可能存在的烫手问题。其实，造成盖碗烫手的原因，不外乎存在如下两种可能：首先是，盖碗碗体本身撇口的设计不合理。过去从事茶器设计与制作的工匠，基本不会泡茶或没有喝茶的习惯，他们并不清楚什么样的茶器好用，应该怎样去改进其存在的弊端。其次是，盖碗的尺寸与自己的手掌大小不匹配，或拿取盖

清代康熙花神杯

碗的手势不合理。只要用心去挑选那些设计合理、撇口明显、器型优美及与自己手掌大小相匹配的轻盈瓷质盖碗；在向盖碗注水时，一定不要注得太满，其最佳注水量，应该尽量控制在盖碗撇口的折线以下；忙里偷闲，多练习几次，盖碗可能存在的烫手问题便会迎刃而解。世间很多的所谓技术、技巧，无非是卖油翁的"惟手熟尔"。

茶杯的选择比较简单，自明代以来，茶杯的选择倾向于以小为贵、以内壁玉白为佳。茶杯选择的原则，个人以为，应以实用为主，兼顾到握感的轻盈、唇感的舒适，器型的壁厚、高挑、敞口、美观、好用及容易清洗等。

至于哪种茶杯更加聚香，哪种茶杯饮完后更容易杯底留香，需要具体问题具体讨论。

例如：在品香气高扬的乌龙茶时，假设没有经过沸水烫杯，壁厚茶杯吸收的热量，一定会比壁薄的吸收的热量多。相对而言，壁厚的茶杯内的茶汤温度，就会低于壁薄茶杯中的茶汤温度。从理论上评估，汤温高的茶汤的香气会表现较好。即壁薄的茶杯，所盛的茶汤香气较高。而杯底的冷香则恰恰相反，壁厚的茶杯蓄热能力强，因此，相同器型的茶杯，壁厚的杯底冷香会表现更佳。当然，杯底冷香的浓郁程度及香气留存的持久度，不但与杯壁的厚度相关，还与杯子桶身的高低、杯口的形状有关。杯子的桶身高，自然会留香好，但是，杯子的桶身高度，也不能无

限的增加，还必须兼顾到与杯口直径的比例协调度；敛口的茶杯，必然会比敞口的聚香足，但其缺陷是，杯底的茶汤往往难以饮尽，况且一饮而尽时，还需要仰头配合，也容易使茶汤洒落在衣襟上。

茶杯的容量选择，不建议大于50毫升。好茶是用来品的。茶杯的容量若是过大，茶汤难以一口喝尽。茶汤若是存留时间稍长，在茶汤温度降低以后，茶汤的香气会随之降低，酸味也可能凸显。此时，很多人便会顺手把冷却的茶汤倒掉，造成不应有的浪费。茶杯的容量若是太小，正如宋徽宗在《大观茶论》中所言的"受汤不尽"，会影响到我们品茶时的尽兴与酣畅淋漓。

茶汤在茶杯内所占的比例，按照陆羽《茶经》的规定及我们具体的实践认为：其注汤量，应为茶杯容量的五分之二为最佳，尽量不要超过桶身高度的一半。如此我们在奉茶、端取茶杯时，既不会烫手，在不影响茶汤香气与滋味的前提下，又不会浪费茶汤。若按照以上规则测算，在一个由三人至五人构成的茶席上，盖碗或紫砂壶的容量，一般以不超过150毫升为宜。如此看来，工夫茶中对孟臣壶、若琛杯的挑剔，就是一种精致、一种讲究、一种在长期的饮茶实践中总结出来的对茶水比例的精确控制。

主要参考文献 ○

1.陈祖槼、朱自振编：《中国茶叶历史资料选辑》，农业出版社1981年版。

2.方健汇编校正：《中国茶书全集校正》，中州古籍出版社 2014年版。

3.唐圭璋：《全宋词》，中华书局 1965年版。

4.陶毂：《清异录》，惜阴轩丛书本版。

5.徐珂：《清稗类钞》，中华书局1984年版。

6.《全唐诗》，中华书局1960年版。

7.张岱：《陶庵梦忆》，上海古籍出版社1982年版。

8.夏咸淳辑校：《张岱诗文集》，上海古籍出版社2014年版。

9.周亮工：《闽小记》，福建人民出版社1985年版。

10.俞蛟：《潮嘉风月》，扫叶山房印行1928年版。

11.王祯：《农书》，浙江人民美术出版社2016年版。

12.《龙溪县志》，1762年版。

13.陆游：《陆游集》，中华书局1976年版。

14.文震亨：《长物志》，中华书局2012年版。

15.森立之辑本：《神农本草经》，北京科学技术出版社2016年版。

16.中国硅酸盐学会编：《中国陶瓷史》，文物出版社1982年版。

284

17.封演：《封氏闻见记校注》，中华书局2016年版。

18.刘安，陈静解读：《淮南子》，国家图书馆出版社2021年版。

19.孟诜：《食疗本草译注》，江苏凤凰科技出版社2017年版。

20.《黄帝内经》，人民卫生出版社2013年版。

21.李时珍：《本草纲目》，人民卫生出版社1977年版。

22.《全唐诗》，中华书局1960年版。

23.马端临：《文献通考》，中华书局1986年版。

24.苑晓春：《茶叶生物化学》，中国农业出版社2014年版。